灵感景观

灵感景观

——追溯21位世界顶尖景观设计师的创意源泉

[美] 苏珊·科恩　著

彼得·沃克　作序

云翃　译

中国建筑工业出版社

著作权合同登记图字：01-2018-7204号

图书在版编目(CIP)数据

灵感景观——追溯21位世界顶尖景观设计师的创意源泉 /（美）苏珊·科恩著；云翃译. — 北京：中国建筑工业出版社，2018.12
ISBN 978-7-112-22823-2

Ⅰ. ①灵… Ⅱ. ①苏… ②云… Ⅲ. ①景观设计 — 作品集 — 世界 — 现代 Ⅳ. ① TU983

中国版本图书馆CIP数据核字（2018）第234522号

Original title and ISBN
The Inspired Landscape: Twenty-One Leading Landscape Architects Explore the Creative Process. ISBN 978-1-60469-439-0
Published by agreement with Timber Press through the Chinese Connection Agency, a division of The Yao Enterprises, LLC

责任编辑：戚琳琳　率　琦
责任校对：王　烨

灵感景观——追溯21位世界顶尖景观设计师的创意源泉

[美] 苏珊·科恩　著
彼得·沃克　作序
云翃　译
*
中国建筑工业出版社出版、发行（北京海淀三里河路9号）
各地新华书店、建筑书店经销
北京京点图文设计有限公司制版
北京富诚彩色印刷有限公司印刷
*
开本：880×1230毫米　1/16　印张：16¾　字数：464千字
2019年1月第一版　2019年1月第一次印刷
定价：178.00元
ISBN 978-7-112-22823-2
（32915）

献给景观设计师

——他们的作品深根于实践，

升华于想象

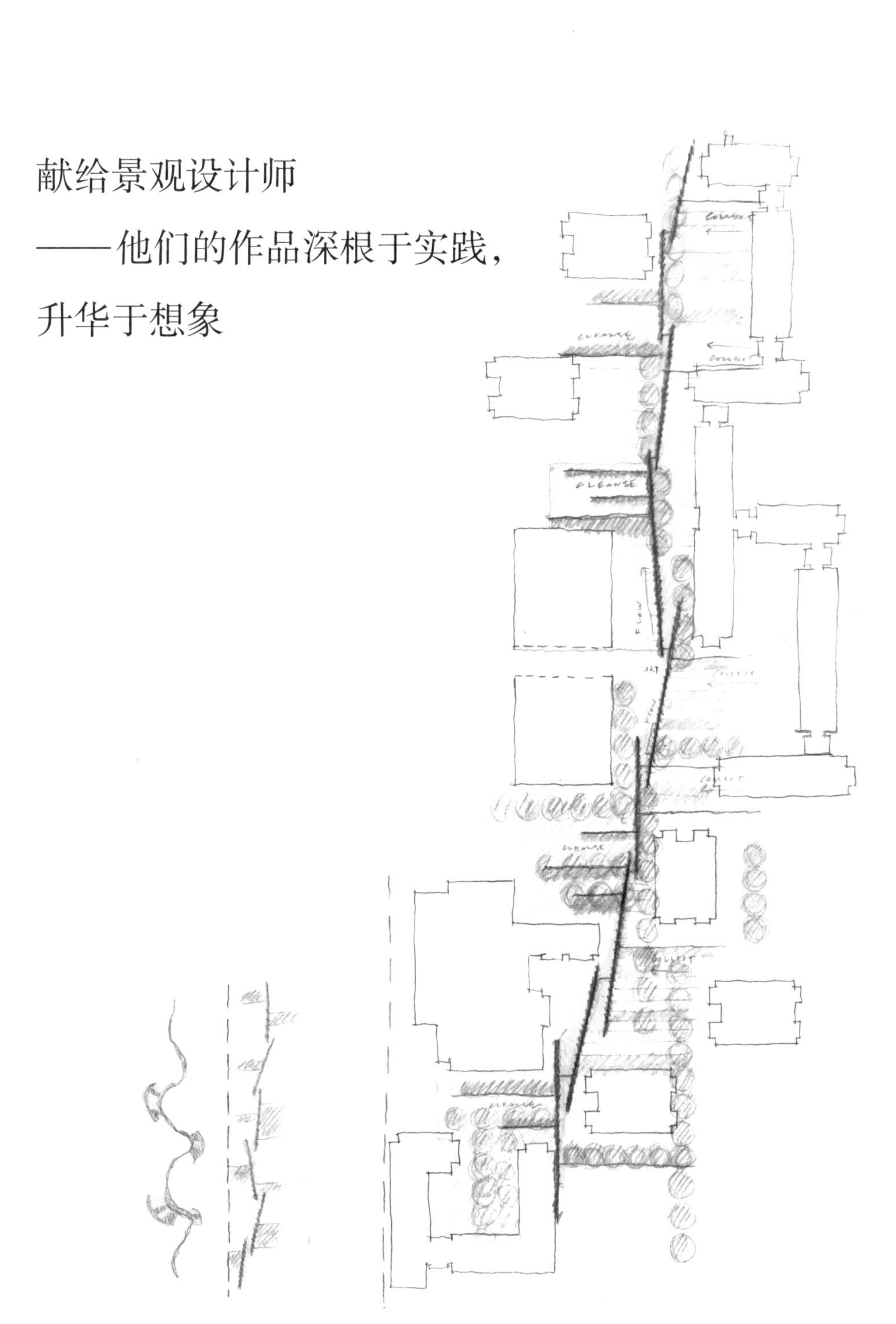

目　录

序　言

彼得·沃克

这本新书收录了21位知名景观设计师的作品，苏珊·科恩并不只是回顾了景观设计的一系列著名作品，而是透过具体项目从中瞥见设计者的个人特质，从而更好地理解这些作品的背景和创作过程。读者阅读完所有章节后，将能领会到创造性方法如此之丰富且项目类型如此之广泛，正是这些构成了世纪之交的景观设计领域。读者会被带入设计的过程之中，从而获得对多样的建成景观形态的深入见解。

本书涵盖多种类型的现代景观，其中包括植物园、大学活动场地、会议中心、癌症诊疗中心、或大或小的公园、工业遗址更新、城市滨水空间再生、日本神殿、罗马的美国研究院花园以及一个位于得克萨斯州马尔法镇的社交空间。几个建在构筑物上的花园和一个地域广阔的乡间住宅很具有代表性。然而，本书并不是对这些项目的简单编录或实地考察，而是对每位设计师的设计灵感和设计过程的系列调查，是针对项目客户、合作者、场地情况以及设计程序的案例研究。

现代景观设计可能是最为多样和复杂的设计领域，因为它同时包含工程学和生物学的理念。它需要同时运用固化的和有生命的材料，不仅要有比例优美的地形、墙体、步行道，同时还要循环运用水，将植物从幼年规划到暮年。所有的这一切都是为了给社会创造可供民众游乐、工作、休闲以及获得视觉享受的空间。

对于设计师、园艺师、学生以及任何希望从当今景观设计中寻求深刻见解的人而言，它都是一本极好的参考书。

寻找缪斯[1]

绪论

① 缪斯，原意为“创作女神”，这里代指灵感。——译者注

景观设计师通过训练和经验，能够拥有从指定的场地及其限制里识别出可能性的能力。他们知道太阳会在天空中如何移动以及影子会落在哪里、风会如何吹、哪种植物会生长得好、哪里可能会有最好的视野，以及人们最有可能在何处走动或聚集。他们知道如何分析现状土壤、如何协调自然环境和周围建成环境。最重要的是，他们懂得如何满足空间使用者的需求。

最好的景观设计师是艺术家，就如同音乐家、画家、诗人、雕塑家一样。他们运用他们的技能、想象力和工艺材料去创造能够随时间变化的作品。景观设计师和所有的艺术家一样，必须从一个概念开始；他们必须唤醒自己的缪斯才能够创造一个足以成为艺术品的非凡景观。

这本书探索和介绍了21位卓越景观设计师的作品的思想来源，这些成功项目遍布美国、加拿大、英格兰、苏格兰、德国、法国、意大利、以色列、中国和日本。每个创造性的景观都是独一无二的，每个景观设计师都有一个关于设计概念——灵感是如何出现的故事，一些线索将他们的思想和设计方法联系起来。

毫无疑问，项目的灵感和影响会因设计师不同、设计场地不同而变化。然而本书的许多项目相互之间产生了共鸣。

比如，西涅·尼尔森的富顿码头是一个位于纽约布鲁克林的城市小公园，截然不同于加里·希尔德布兰德在康涅狄格州吉尔福德的住宅项目。但是两位设计师都不约而同地转向这些滨水场地在历史上的利用形式，从历经数百年的滨水活动中汲取灵感。这片土地上曾经生活过的美国土著的装饰图案，以及尔特·怀特曼著名的诗“穿越布鲁克林的轮渡（Crossing Brooklyn Ferry）”中对于富顿渡轮从毗邻着宏伟的布鲁克林大桥的项目场地起航的描述影响了尼尔森。而希尔德布兰德则是被场地上大量散落的石头碎片所打动，它们是19世纪曾为自由女神像的基座提供石材的大型老花岗岩采石场的遗留物。希尔德布兰德并没有像周边其他居民一样将数以吨计的废弃石头运走，而是将这些石头以既实用又艺术化的方式运用在场地之中。这样的方式让他感觉自己在向100年前曾在此辛勤工作的、数以百计的娴熟石匠的工作表达敬意，这些工匠绝大多数是欧洲的移民。

巧合的是，另两位景观设计师从同一种沙漠自然现象——暴雨时容纳间歇性洪水的河床得到相似的启发。什洛莫·阿伦森设计的位于以色列内盖夫沙漠本·古里安大学的聚会场地以中东地区所说的“沙漠干谷（Desert wadi）”为灵感。什洛莫· 阿伦森这个一直淌着潺潺流水的动人的克赖特曼广场石头河谷，与克里斯蒂娜·坦恩·艾克在得克萨斯州马尔法镇的卡普瑞休息室花园中，用来收集雨水的弯曲的花园小溪十分相似，同样的沙漠冲刷地形在美国得克萨斯州被称为“干涸沟壑（Arroyos）”。

对于另一些设计师而言，一件艺术作品就足以提供创造的火花。在构思纽约植物园乡土植物花园的设计概念时，希拉·布雷迪抽空参观了博物馆，并将马丁·普里尔的木雕塑作为灵感来源，创作了后来成为新花园核心要素的抽象形状的大水池。无独有偶的是，科妮莉亚·奥伯兰德的温哥华绿色屋顶的形态灵感来源于摄影师卡尔·布洛斯菲尔德一张轻轻起伏的兰花叶子照片，科妮莉亚·奥伯兰德自她在德国的童年时代开始就对这位19世纪摄影师的先锋作品赞赏有加。在安纳伯格庄园游客中心和花园项目里，詹姆斯·伯内特受文森特·梵高的画作《有柏树的麦田》（A Wheatfield with Cypresses）启发，在加利福尼亚州南部的沙漠环境中大面积运用耐旱植物创造出一种意想不到的景观。

作为训练的一部分，所有景观设计师都将学习园林史，绝大多数人会积习性地参观各种或新或旧的花园。因此当他们溯源到过去的园林里寻找灵感，这并不令人惊讶。汤姆·斯图尔特·史密斯受一位英格兰乡村的土地所有者邀请，在离庄园住宅不远的斜坡上设计一个围墙花园，他借鉴17世纪意大利著名的兰特庄园（Villa Lante），创造了一种极具想象力的阶地式设计作品。与此同时，劳里·奥林为了罗马的美国学院项目，不厌其烦地造访各种古代和文艺复兴时期的意大利园林，他对这些园林进行研究、写生和拍摄。在罗马美国学院的景观再设计中，他运用了许多来自这些园林的理念和细节。在纽约现代艺术博物馆的屋顶花园项目里，肯·史密斯的灵感来自创作于1958年的两个花园：一个是电影《我的舅舅》（Mon Oncle）中明显是经过合成的花园；另一个是野口勇在巴黎联合国教科文组织（UNESCO）总部屋顶设计的和平花园（Peace Garden）。既是景观设计师又是佛教禅宗大师的枡野俊明牢记景观是日本悠久造园传统的一部分。

还有一些景观设计师则是从场地本身找到他们的缪斯。景观设计师山上凉子在为东京北边一个1.62公顷（4英亩）的公园场地找寻“场地的记忆”时，她兴奋地发现这个场地正好位于两座山之间的轴线上，其中的一座山正是标志性的富士山。她把这种巧合称为“神圣宣告（Divine Pronouncement）”，她在设计中用等同于这个公园全长的对角条纹图案强化这根轴线。在德国杜伊斯堡的后工业场地上，皮特·莱兹被巨大的废弃混凝土和钢铁结构物所打动，他将它们通过富有想象力和有效的方式结合到自己的新公园设计中。

也有人是从童年回忆中捕获灵感的火花。对于俞孔坚来说，他记忆中的景观是在中国农村的家乡的水稻田，童年时他总是牵着村里的水牛穿过田间的小路去放牧。在世界的另一边，斯蒂芬·斯廷森在美国马萨诸塞州的一个乳牛场长大。五代传承的农业传统让他身强体健，他也因此在马萨诸塞州大学的项目中使用了许多能唤起农场感觉的设施，如石头围墙、果园式的树木种植、以厚重牢固的金属为支架的凳子等。金·威尔基在伊拉克和马来西亚的童年经历，不仅让他对古巴比伦金字形神塔和古老的美索不达米亚遗址痴迷不已，还对所有神圣或神秘的事物着迷。这些早年的兴趣启发了他在英格兰北安普敦郡鲍顿住宅的俄耳甫斯地形。

和其他艺术门类的伟人一样，伟大的景观设计师们似乎能够从众多来源里汲取灵感：一个场所、一首诗歌、一幅绘画、一个记忆中的花园、一条童年时走过的小路或一片叶子的形状。就本书所呈现的作品来看，启发创造力的古代缪斯仍然存在于我们身边，并为当今的景观设计实践提供生机勃勃的灵感。

受童年农耕经历的启发，俞孔坚在沈阳建筑大学新校区创造了一片可耕作的稻田景观。设计布局基于古代中国城市规划布局常见的矩形网格，然后添加了一条对角线小路

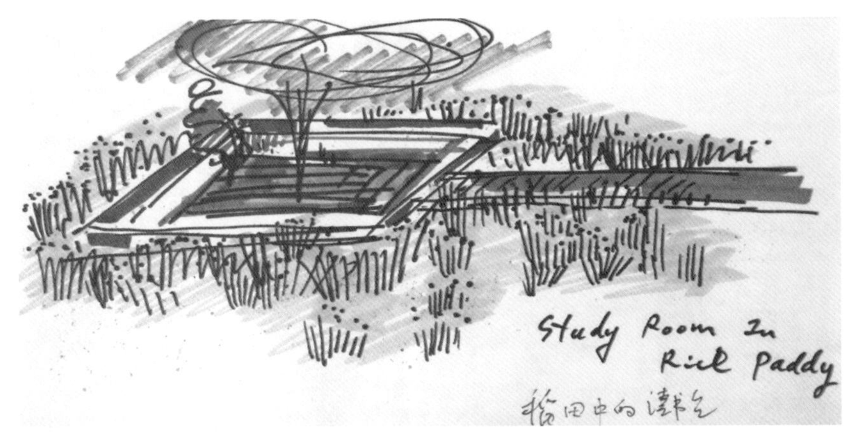

俞孔坚的草图展示了可坐于稻田间的阴凉场地的早期概念

水稻田景观不仅让校园变得更美观和协调、增加社交空间，每年还能收获丰盛的稻米

什洛莫·阿伦森

SHLOMO ARONSON

内盖夫本-古里安大学的克赖特曼广场

Kreitman Plaza at Ben-Gurion University of The Negev

以色列比尔谢巴

Beersheba, Israel

开放于1994年

Opened in 1994

什洛莫·阿伦森以周围的内盖夫沙漠为灵感，力图创造天堂般的沙漠环境。

阿伦森设计的弯曲小溪仿效了他所见的沙漠景观。栽植棕榈的树林赋予广场一种绿洲的氛围

这种河谷启发了什洛莫· 阿伦森的克赖特曼广场设计。他将河床狭长且不断扩大的特点融入设计之中

什洛莫·阿伦森在本-古里安大学克赖特曼广场的灵感主要来自于周边的内盖夫沙漠，这个设计最引人注目的部分是他以既诗意又神奇的方式抽象地表现干谷（Wadi），即沙漠里间歇河水的载体。干谷是一个阿拉伯的术语，是指短暂的沙漠溪流切出的溪谷或河道，这些溪流在雨后会变得十分湍急。

干谷在以色列随处可见，耶路撒冷向南到比尔谢巴（Beersheba）的沿线上就有好几条。这些斑驳的、脊状凸起的地表逐渐取代了由先进灌溉系统造就的以色列水稻田农业，呈现从明亮的米黄色到烧焦的赭色的多重棕黄色阴影。在比尔谢巴的比都因族（Bedouin family）领地附近，小山丘顶上的骆驼剪影和天空形成鲜明对比，骆驼的皮色与这片土地的颜色十分相衬。这里随处可见小沟壑的景色，里面生长的植物是间歇性流水的证明。

因为冬天有从希伯伦山（Hebron Hill）流下的稳定水源，所以数千年以来都有人定居于比尔谢巴。自古代以来这里的人们把水储存在地下的水池。比尔谢巴干河（Nahal Beersheba）是这个区域的主要河流，它的河谷会在冬季泛洪，另外还有两条干谷穿过这个城市。

以色列的第一任首相——大卫·本-古里安（David Ben-Gurion）坚持要在内盖夫沙漠（Negev Desert）里建设一所新大学。本-古里安被公认为以色列的开国元勋，他坚持认为贫瘠的内盖夫会繁盛起来，在这里建设一所大学能为比尔谢巴这个安定的历史古镇以及该区域带来很大的益处。据本-古里安所说，“在以色列，要成为一个现实主义者，你首先得相信奇迹”。

本-古里安为了证明这项在南方沙漠的投资能够很好地造福于整个国家，他亲自做出表率：1970年在结束政治生涯后搬到了内盖夫沙漠的一个基布兹（Kibbutz，以色列的集体农场）。随后，开设了全新的内盖夫大学；1973年本-古里安去世后，该大学更名为内盖夫本-古里安大学。

20年后，景观设计师什洛莫· 阿伦森受邀给拥有约2万名学生的大学社区重新设计主要的步行入口和集会空间。新广场以它的英国捐赠者——克赖特曼家族命名，广场于1994年开放并从此成为这个校园的中心，它是师生们来往途经的交叉路口，同时也是可供课间和活动间休息的安静荫庇所。逾越节（Passover Holiday）一周前的某个温暖春日里，一群学生们在这里坐着、聊天和学习。几个落单的学生躺着看书，许多学生穿过校园或出入旁边的学生活动中心。

阿伦森是一位在加利福尼亚大学伯克利分校和哈佛大学获得景观设计学学位的本土以色列人，回想自己对这个场地的最初设想，他希望的是创造一个天堂般的沙漠环境。自一开始，他认为这个设计最重要的是能经受时间的考验，因此他选用最好的、最耐久的材料。考虑到场地特有的气候条件，想要吸引人使用原本开敞在天空之下的广场，庇荫是十分必要的。

在设计方案里，他希望将包括大学教育和经典建筑在内的理性世界，与比尔谢巴和校园范围外的原始沙漠本质相统一。实现这种平衡是这个项目的关键。

阿伦森的事务所为了例示理性、古典的传统，围着广场的野生绿洲设计了一圈拱廊，拱廊成为场地里近乎连续的一条阴凉步道。拱廊里的简约石头长凳提供了许多歇坐的场所。拱廊立柱外面包着石头，遮阳篷由玻璃纤维增强混凝土制成。从遮阳篷下方往上看，人们可以看到半透明的玻璃小圆孔，透过圆孔与蓝天建立起视觉联系。方形格架的作用类似于屋顶下的横饰带，能够在太阳下提供更多的荫庇。

阿伦森的拱廊让人想到穆斯林建筑中整齐重复的立柱，不同的是这个设计里的每一组立柱支撑一个锥体状屋顶，而不是圆屋顶。在犹太人的传统里，这种建筑形式总是与过道相关，因此很适合用在本—古里安大学的设计里。这种形式同样被运用在比克赖特曼广场早2年建成的、备受赞誉的耶路撒冷最高法院大楼。建筑师拉姆·卡米（Ram Karmi）和阿达·卡米-梅拉米德（Ada Karmi-Melamede）设计的最高法院大楼里，设置了一个内部庭院，它的屋顶就是外表包铜的锥体状。

拱廊旁边的弯曲河谷和茂盛植物是克赖特曼广场的核心

小圆石构成沙漠溪流的两个水源

阿伦森的河谷在流过广场时宽度会发生变化

这个内部庭院是法庭和毗邻的图书馆间的过道空间。在阿伦森的克赖特曼广场拱廊里，屋顶上的那些小圆窗将光线从上方带入拱廊空间。耶路撒冷的撒迦利亚（Zechariah）墓是应用这种结构的确切先例，这个饰有雕刻的大型石头建筑物以椎状体作为屋顶，其年代可追溯到公元一世纪。

在拱廊限定的边界内，阿伦森设计的干河谷沿对角方向穿越广场，长约75米（250英尺），与两个矮石碓里的水源一同形成“Y”字形的构图。这条溪流的大多数地方是狭窄的，师生们可以轻易地跨过它。这条溪流似乎成了校园内所有人的“舞蹈”的一部分。人们越过干谷的动作不禁让人想到美国景观设计师劳伦斯·哈普林（Lawrence Halprin）和他既是舞者又是编舞师的妻子安妮（Anna）。20世纪60年代，当阿伦森还在加利福尼亚大学伯克利分校就读时，这对夫妇是阿伦森生命中重要的一部分。哈普林对人穿越城市空间的移动方式的研究深深地影响了阿伦森。哈普林不仅是阿伦森的良师益友，也是阿伦森在加利福尼亚工作时的雇主。后来，两人在以色列共同创作了可以俯瞰耶路撒冷的哈斯长廊（Haas Promenade）。

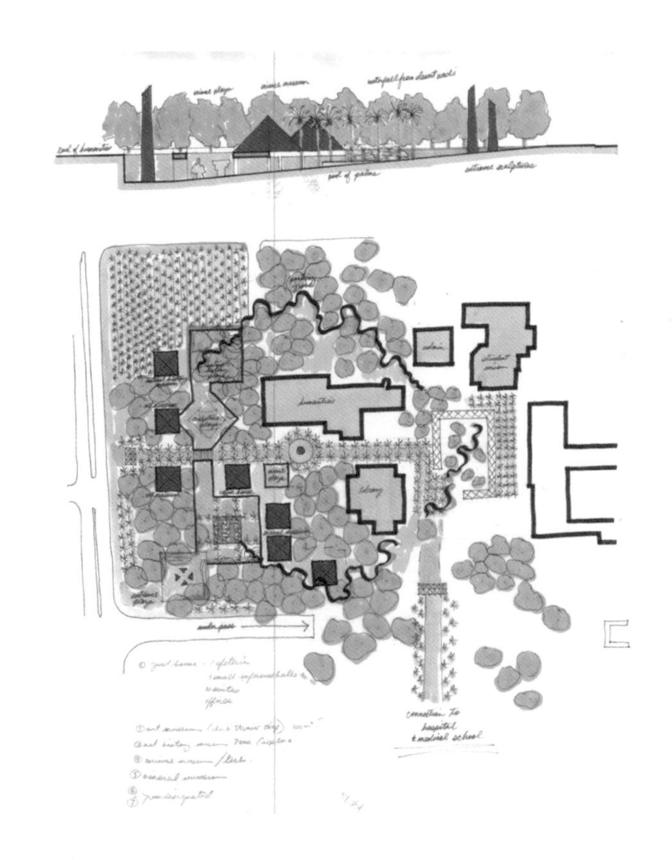

早期的一版方案里，沙漠溪流系统覆盖的范围更大。概念草图的立面图突出了显眼的拱廊屋顶轮廓线

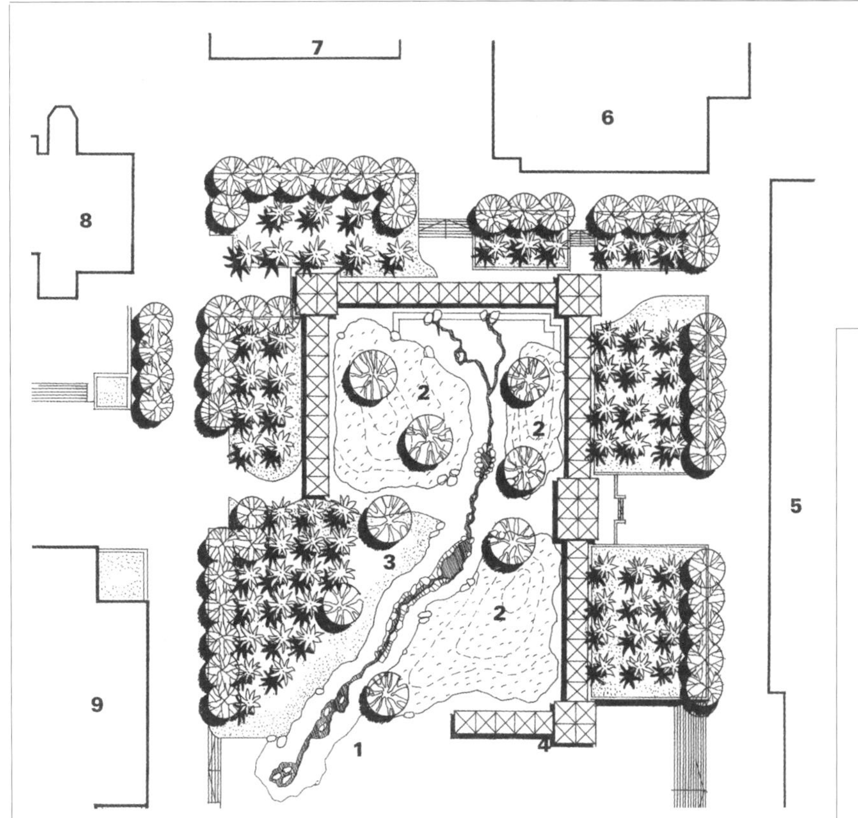

1　沙漠溪流
2　沙漠植物
3　草坪
4　绿廊
5　主教学楼
6　学生活动中心
7　行政楼
8　社会科学楼
9　图书馆

上图：撒迦利亚墓与众不同的屋顶，是耶路撒冷最高法院大楼和阿伦森的拱廊建筑的先例

下图：在克赖特曼广场的最终设计方案里有干河谷、覆盖植被的高地，以及为草坪庇荫的树林

通过这幅轴测平面图，可以从更广阔的校园环境看这个广场

在大学前的道路入口就能够看到阿伦森的人工溪流，仿佛在邀请人们走上溪流旁的石灰岩铺装小路，体会预料之外的惊喜和欣喜：流水跌落在精心摆放的石头间，发出充满魅力的声音。宛如安静的背景音乐，流水声使广场更有活力，为场所增添平和、舒适的氛围。音乐般的流水声响和跃动在被溪流局部淹没的石头上的光线提升了整条溪流的氛围。

广场上，溪流旁郁郁葱葱的植被重申着绿洲主题，让人想到沙漠草地，另一方面，开花灌木和多年生草本的野性混搭增强了嗅觉和视觉愉悦。一批枣椰树呈网格状种植，这种排布形式在以色列的农业种植园中随处可见，因为这样能够提供更多的荫庇。虽然这些枣椰树下的广阔草地并不能让人联想到沙漠或枣椰树种植园，但阿伦森希望用这样的元素吸引学生使用这个空间。学生们的行动确实应验了他的期盼。

一名学生坐在植物和溪流之间的石头踏步上，问我为什么拍这么多的广场照片。我说因为自己对景观设计感兴趣，然后他主动表示自己很喜欢这个场所。“你懂的。”他说，用手划出一个弧线指了指石制的溪流和郁郁葱葱的植被，“这些东西在沙漠里是很难得的。”

阿伦森同样为克赖特曼广场感到骄傲，让他格外开心的是即便过了25年这里也没遭到任何损坏和涂鸦。他很朴实地表达自己的心情，用自己混着本土希伯来语口音的温柔声音说，“它是我最喜爱的作品。”

拱廊旁的草丛使人造沙漠景观变得柔和

一名学生走在沙漠溪流旁的小路上

水流过干谷底部的不规则石块，发出温和的声响

希拉·布雷迪
SHEILA BRADY

纽约植物园的乡土植物花园
The Native Plant Garden at the New York Botanical Garden
纽约布朗克斯
Bronx, New York
开放于2013年
Opened in 2013

在希拉·布雷迪新设计的本土植物花园中，中央水池的形态灵感来源于马丁·普里尔（Martin Puryear）的雕塑，草甸植物的图案受到琼·米切尔（Joan Mitchell）画作的启发。

从航拍图可以看到纽约植物园的乡土植物花园里形状与众不同的水池、跌水、木质铺装的道路以及100万株新栽植物的一部分

马丁·普里尔的雕塑作品——巴斯克，布雷迪在纽约植物园的乡土植物花园中水池的形态灵感正是来源于此

布雷迪在成为景观设计师之前接受过艺术教育，与此同时，她还是一名狂热的博物馆达人，所以她会从自己最喜欢的两位艺术家——雕塑家马丁·普里尔和画家琼·米切尔的作品中寻找纽约植物园乡土植物花园的创造灵感，这丝毫不令人感到意外。普里尔的作品为她的设计提供了具体景观形态，而米切尔的绘画启发了配植花园植物的新方式。

某个早晨，布雷迪正在华盛顿附近的家中工作，苦苦思索乡土植物花园的核心元素——大水池的合适形态。经过数小时的工作并否定了许多草图方案后，她决定去国家艺术馆放松一下，她知道那里近期开设了普里尔的作品展。这个由纽约现代艺术博物馆筹划的展览涵盖普里尔的40余件作品，回顾了这位声誉极高的艺术家的主要艺术生涯。

一直以来，布雷迪十分赞赏普里尔的出色手艺、对细木工艺品的专注及其木制品所散发的朴实且耐人寻味的魅力。当她穿行在国家艺术馆宽阔的展览空间时，发现自己被一个特别的作品——“巴斯克（Bask）”吸引，这是普里尔1976年创作的一件早期作品，现收藏于古根海姆博物馆。她久久地伫立在这件作品前。

布雷迪带着重生的能量回到家，抽开白色的描图纸卷，拿出她最中意的三福牌蓝色彩铅。巴斯克的形象充满她的脑子，这是一件由染成黑色的松木制成的、低矮的、约3.6米（12英尺）长的基底状物件。她对它的形状十分感兴趣：一面有温和的曲线而另一面是平坦的。她认为这个形态可能适用于原定的两个跌水池中的一个，随即开始勾绘草图。但布雷迪很快就意识到那些年艺术学校教给她的东西并不管用，她自己的原话是“有些勉强”。正当要放弃这个想法时，布雷迪突然发现这个源自普里尔雕塑的优美形态可以抽象为水池的形状。

她越画越觉得这个形态不仅非常适合这个场地，而且能够出色地化解她的设计问题：这个形态直线的一侧适合她预想中超长的木铺装步道，而温和曲线的另一侧正好适合水池另一边的湿生草甸水岸。这个抽象形态还呼应了项目的另一个目标：运用现代的设计手法。

布雷迪在普里尔雕塑的基础上画了
一张快速的草图

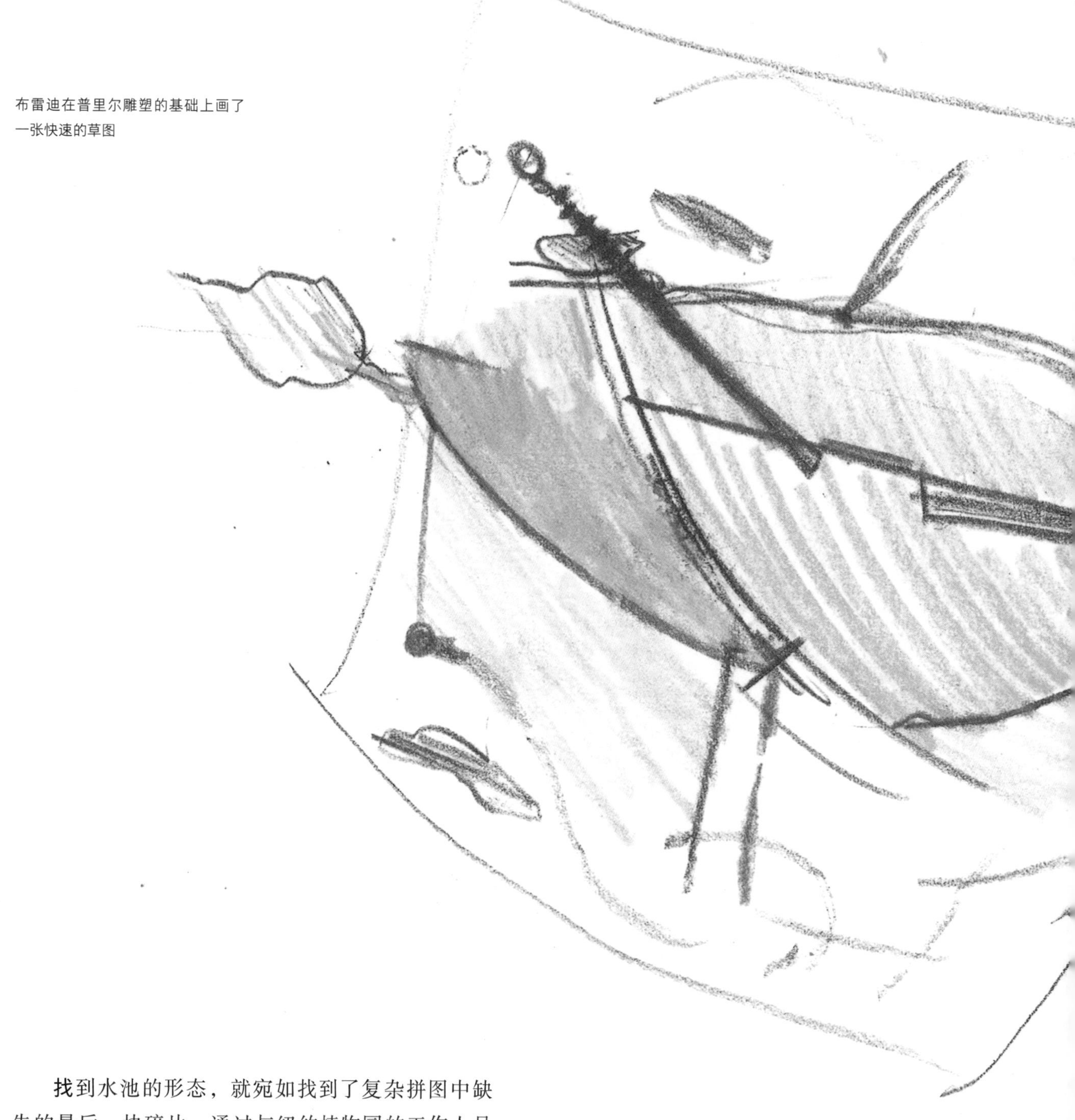

找到水池的形态，就宛如找到了复杂拼图中缺失的最后一块碎片。通过与纽约植物园的工作人员合作，布雷迪和她的设计团队基本上确定了这个约1.42公顷（3.5英亩）花园里的大部分设计。休·哈迪（Hugh Hardy）使用和游客中心大楼相同的建筑语言设计了原定的两个构筑物：带顶棚的入口亭和教室，两者相隔不远。在确定的场地微气候条件下，不同植物群落的位置被选定，构成10万余种本土植物的栖息地。步行道路也随之确定。

从最终的平面图里可以看出水池设计的演变

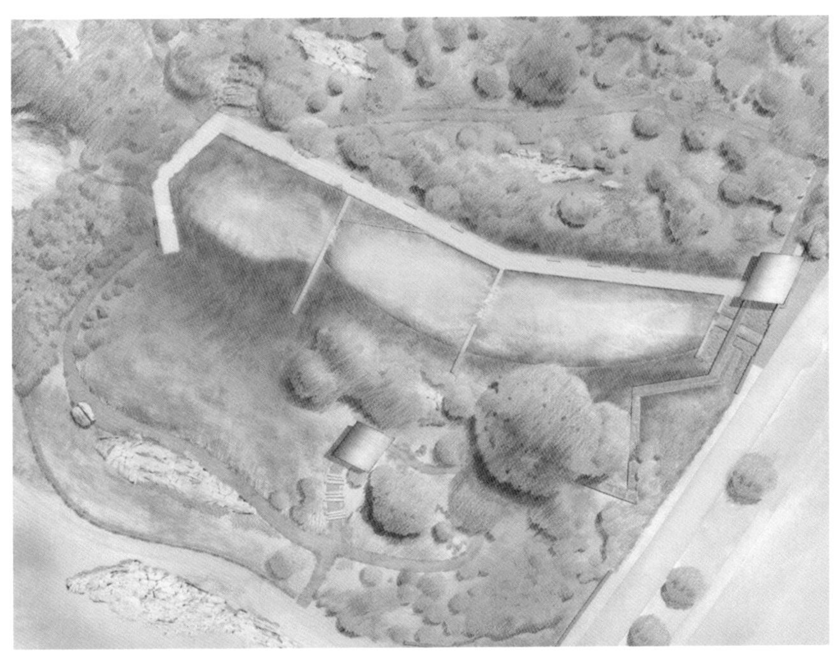

小路的布局并不是绕着草甸，而是穿过草甸

花园 的“植物调色板”里包括很多湿地物种，比如这种本土鸢尾属植物

一名游客正在两个跌水附近享受夏日清晨里的阳光

片裂岩是场地内原本就有的显眼元素，布雷迪规划的步行道绕着片裂岩穿过草甸

图片前景是水池的湿地区域，它的右侧是草甸

游客能在花园里获得一种身处大片乡土植物中的体验，而不只是身处乡土植物外侧往里观看。花园的空间规划基本上运用了日式散步花园的模式，即使游客是在穿透森林边缘的山地小路上，也能清晰地意识到自己在围绕花园的中心水池环游。道路选线特地引导游客靠近场地里的那些激动人心的石块。

当布雷迪确定了水池形态后，水池的大致位置就选定在场地中心，那里原先有一条溪流流过，是地下水位最高的地方。这个水池将是完全可持续的，也就是说这个0.2公顷（0.5英亩）的水池不依靠化学药剂就能实现自然净化。由苔属植物、灯芯草、石菖蒲和瓶子草构成的湿地有助于净化过程，最终设计还包括两个跌水，它们是复杂净化系统的工程设施。布雷迪和喷泉设计师一同合作，确保该系统能够顺利运作、维护最小化以及隐藏所有的硬件设施。绝大多数的工程系统都在地下或不可见的位置。

水池的建成形态虽然是现代设计，但与它的自然背景同样十分相衬。跌水不仅增加了水面的动态，水面上天空和树木的倒影赋予了花园更为丰富的维度和生命力。

尽管水池位于花园的核心位置，但“流淌”在复杂地形上的约1.215公顷（3英亩）的乡土植物才是这个花园存在的理由。森林区域增设了开花树种和灌木，大量春萌短命植物形成一片迷人的展示，其中包括数百株白延龄草和蓝色弗吉尼亚风铃草。这些春萌短命植物凋零后，软莎草和蕨类植物会代为覆盖林地地表。

草地上的花和多年生植物让盛夏的草甸富有生气

广阔的草甸被设计在一片开放的坡地上。布雷迪走在小路上，不禁赞叹这些生长在一起的多年生植物和草地共同构成了一副多彩的绣帷，她还特地指出其中自己喜爱的盛夏植物：黄雏菊、紫菀、鹿舌草、一枝黄花以及北美小须芒草。

布雷迪在设计种植方案时，并不希望草甸里出现大而厚实的植物。与之相应的，她受另一位自己喜爱的艺术家——琼·米切尔的作品影响，产生了一个浪漫的想象，琼·米切尔是一位在法国度过了绝大部分艺术生涯的美国抽象印象主义画家。20岁的布雷迪在巴黎当地的一家画廊偶遇米切尔的画作，从此爱上她的作品。米切尔绝大多数的大幅作品描绘的都是抽象景观，并以独有的积极姿态而闻名。米切尔自己评论说“我描绘的都是自己记忆中的景观。”

布雷迪的草甸种植受琼·米切尔1983年的画作《大峡谷第14号（La Grande Vallee XIV）》（顷刻间）的启发

草甸的种植设计包括那提比达菊、野薄荷和鹿舌草，这个设计反映出琼·米切尔对色彩的出色运用

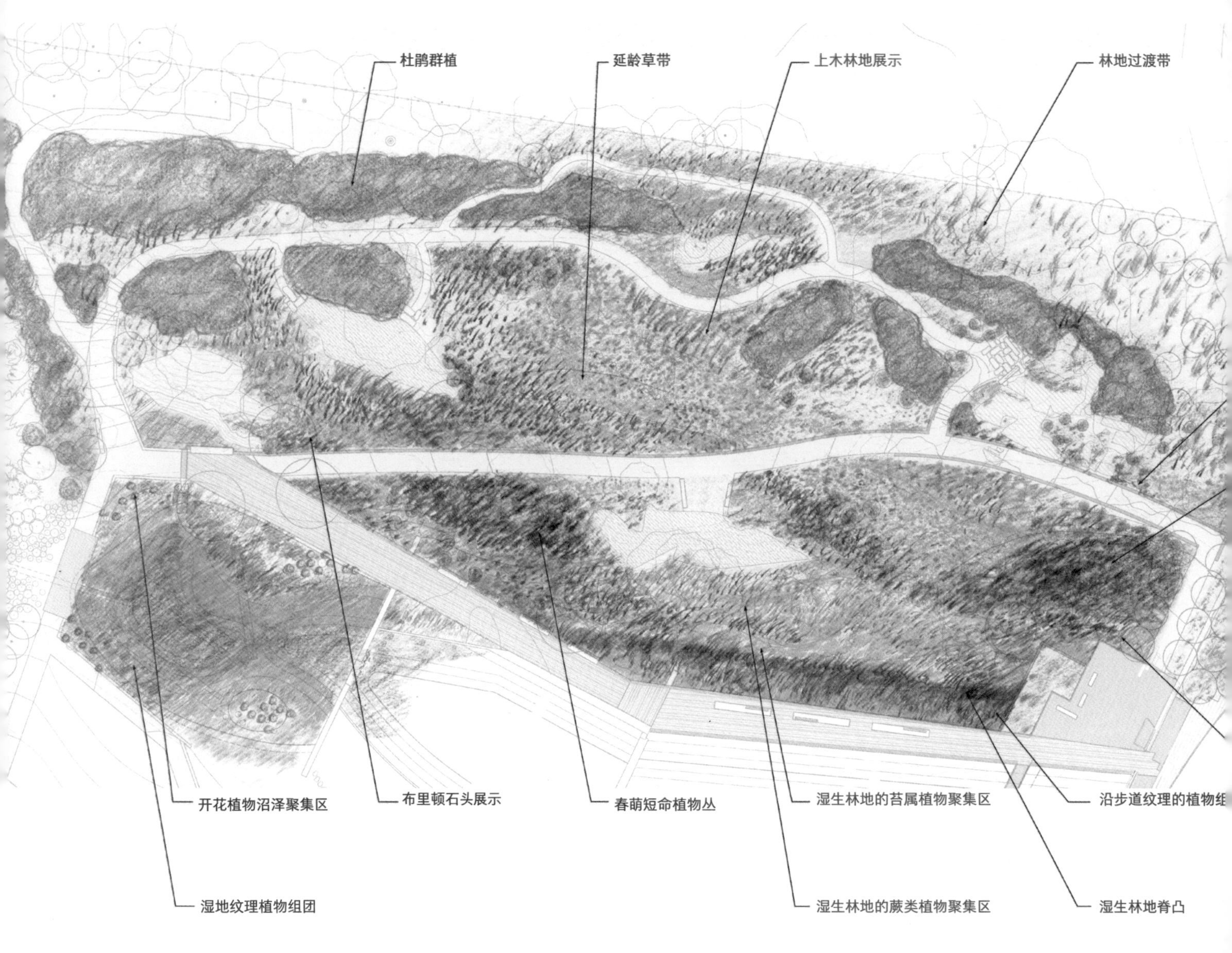

希拉·布雷迪规划的林地、湿地发展区域靠近新建的水池（池底），并与场地上原有的成熟树林相呼应。她设计的林地小路穿过树林间的坡地

布雷迪处理植物材料（特别是草甸）的手法是对米切尔画作的致敬。米切尔并不会使用大块的颜色，而是利用画笔或抹布将颜色分散到画布的不同笔触中。相同地，布雷迪也是在大草甸的重复图样中反复穿插使用各种植物。

布雷迪承认自己是借鉴米切尔。事实上，就连布雷迪彩色的草甸种植设计草图本身也有几分琼·米切尔画作的感觉。“每个人都会有一些不断萦绕脑中的灵感”，她说，“而在我的脑海中总是琼·米切尔和马丁·普里尔。”

春萌短命植物聚集区

春萌短命植物丛

Asclepias hirtella
Monarda fistulosa
Solidago nemoralis, S. odora, S. speciosa
Helianthus helianthoides
Aster oblongifolius
Helianthus mollis
Ratibida pinnata
Lilium canadense
Liatris
Helianthus helianthoides
Echinacea paradoxa
Helianthus atrorubens
Eryngium yuccifolium
Solidago graminifolia
Asclepias hirtella
Liatris
Mesic Meadow - perennial layer
NPG/MM/01
N←
1/16" = 1'-0"

米切尔的作品启发了布雷迪对草甸开花植物的平面规划

入口小树林

春萌短命植物丛

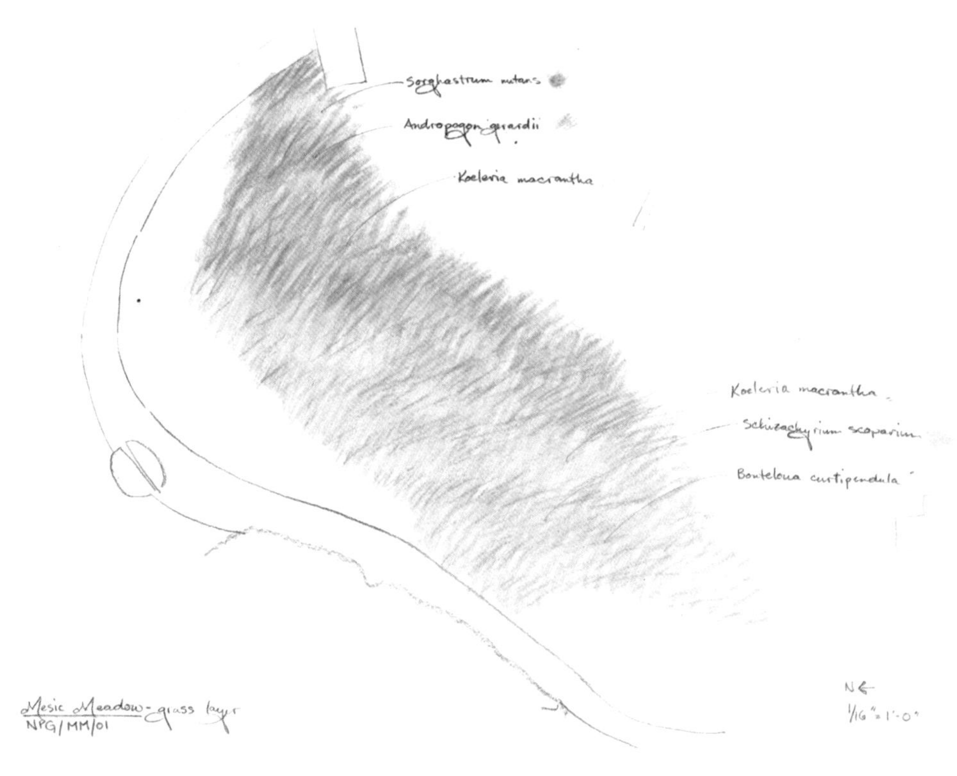

平面图呈现了草甸的图样

詹姆斯·伯内特

JAMES BURNETT

安纳伯格庄园游客中心及花园

Sunnylands Center and Gardens

加利福尼亚州兰乔米拉市

Rancho Mirage, California

竣工于2012年

Completed in 2012

梵高笔下的普罗旺斯风景赋予了詹姆斯·伯内特的安纳伯格庄园游客中心和花园一种现代的景观愿景。

伯内特将梵高最著名的画作之一《有柏树的麦田》（A Wheatfield with Cypresses）里的元素唤醒，化作草甸里可见的黄色植物丛。法国圣雷米（Saint-Remy）与美国加利福尼亚州柯契拉谷（California’s Coachella Valley）相似的山地背景强化了这种联想

梵高的《有柏树的麦田》启发了詹姆斯·伯内特在加利福尼亚州南部安纳伯格庄园的设计作品

2006年詹姆斯·伯内特受安纳伯格信托基金会委托和建筑师弗雷德·费希尔（Fred Fisher）在安纳伯格庄园合作设计新的游客中心。大致在同一时间，伯内特参观了一间隶属于安纳伯格财产的房子，里面放置了纽约大都会美术馆通过安纳伯格基金会慷慨资助而收购的所有艺术品的复制品。伯内特喜欢绘画，他总是会被那些描绘野外风景（en plein air）的印象派和后印象派画家所吸引。荷兰艺术家梵高的画作《有柏树的麦田》尤为吸引他。这幅画创作于1889年夏天法国的圣雷米（Saint-Remy）。

尽管这个19世纪法国南部的农田牧场与美国加利福尼亚州南部相距甚远，但它赋予了伯内特设计安纳伯格庄园现代景观的灵感。梵高的画作描绘了一片水平延展的成熟麦田，横跨整个画布，在阳光下泛金黄色，与右上方暗绿色的柏树、亮绿色的橄榄树以及周边或绿色或金黄色的其他区域形成对比。红色的罂粟花点缀在画面前景，广阔而绮丽的天空下，一条山脉躺于田野之上。

恰如其名，安纳伯格庄园游客中心和花园原本是怀特（Walter）和利奥诺拉·安纳伯格（Leonore Annenberg）的冬季庄园，坐落在加利福尼亚州柯契拉谷的兰乔米拉市（Rancho Mirage）。这个区域因为炎热干旱的天气和平均每年350个晴天成为吸引人的冬季度假胜地和高尔夫球目的地。

兰乔米兰市市内及周边现有的高尔夫球场超过12个。其中一个建于1966年的9洞高尔夫球场，原是安纳伯格家族冬季庄园的一部分。规划中的游客中心坐落在毗邻球场的未开发用地上，游客中心原本的景观是环绕庄园的球场和起伏的草坪。按照计划，游客中心会被用来介绍和纪念安纳伯格夫妇在文化和教育方面的贡献，以及这个庄园的传奇历史。数十年来这个庄园都是美国总统与外国皇室、国家元首进行外交会晤和打高尔夫球的地方。

詹姆斯·伯内特参与项目后，起初的构想是建立游客中心的景观设计与整个庄园的视觉联系。场地上原有的12米（40英尺）高的柽柳树篱将场地一分为二，他打算将树篱移除，统一各个复杂的景观要素，围绕新游客中心形成由绿色草坪、小山丘和大量树木构成的连续景观。

场地很快就被清理了出来，但随后伯内特产生了一个新想法。他发现当地原本丰沛的地下含水层已经枯竭、山上的积雪融水也不再可靠，因此柯契拉谷给水管理区（Coachella Valley Water District）制定了严格的水源利用限制。在21世纪创造一个完全依靠人工灌溉的景观显然是不合时宜的。但如果没有了灌溉，按伯内特的话来说，“这个场地就只剩沙子”。

为了实现可持续的设计解决方案，伯内特寄希望于索诺兰沙漠（Sonoran Desert）以南辽阔的乡土植物群落。他向基金会汇报了自己的想法：经过筛选，将适合当地条件的多种植物配植在一起。据伯内特所言，安纳伯格大使的遗孀利奥诺拉·安纳伯格最初是对这一方案持怀疑态度的。尽管她喜欢伯内特所说的植物搭配概念，但她更习惯于环绕庄园的绿色草坪和树木，她担心柽柳树篱另一侧的新景观将会“只有漫地岩石和零星的仙人掌”。对于伯内特的种植建议，安纳伯格夫人的回应是她不希望看到游客中心周围只是沙子。

是梵高《有柏树的麦田》里金色的植物条带、点缀的树木和那些红色的野生罂粟花给了伯内特设计灵感。他希望在整个场地上大面积地扫掠出不同纹理、形态和颜色的沙漠植物条带。伯内特和梵高一样以黄色为主色调，他知道安纳伯格夫人很喜欢黄色。这个花招能使沙漠植物看起来像是一片翠绿的景观。安纳伯格夫人表示如果伯内特真能做到这种效果并且让它看起来漂亮，那么她就会完全赞成。

在安纳伯格庄园的新游客中心，伯内特用两个长方形水池为使用餐厅露台的人们营造水景和水声

在伯内特草图里，入口区域的流线型种植和游客中心后花园的规则几何形态形成对比。游客中心建筑前面的开敞区域是草地

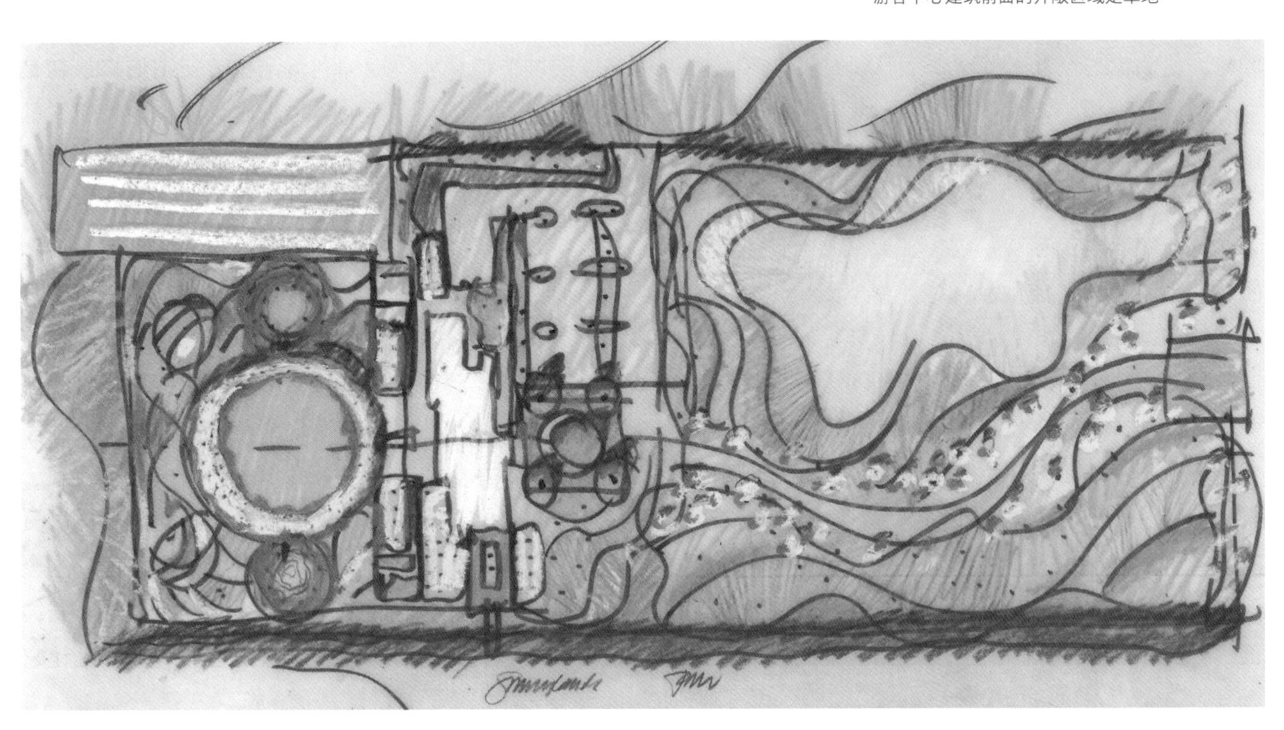

长条状的植物种植带和背景的山体，以及红色植物的触动，无不让人想到梵高的画作

加利福尼亚州佛树的黄色花朵与树下火炬花的颜色相呼应

在思考新建筑选址和设计手法的初期阶段，伯内特和建筑师弗雷德·费希尔都赞成将建筑从繁忙的街道边上退回来，伯内特为此设计了一条流线型的入口车道，游客直到最后一刻才会看到游客中心，就像一个惊喜。蜿蜒在车道两侧的景色是梵高笔下法国富饶景观的索诺兰沙漠版本。园艺师玛丽·爱尔是索诺兰沙漠植物方面的专家，她协助伯内特挑选植物材料。他们一起仔细地挑选耐旱植物，以确保每个品种都能够进行大面积种植。

伯内特的设计草图展示了每条种植带的规模。数以千计的植物被豪放地扫掠在场地上：大量的龙舌兰、芦荟、晚芦荟、桶形仙人掌以及火炬花。伯内特知道在这些植物长起来后，就会完全遮挡住裸露的岩石地面。他不经意间听到游客们评价说完全没有想到沙漠花园能有如此景致，对此他感到很高兴，让他更骄傲的是他设计的景观仅需要这片土地允许用水量的20%。

流线型的入口车道一直延伸到游客中心建筑的背后，然后转变为由中部圆形草坪所主导的规则形态，这样的设计即体现了传统的几何形态又体现了设计师的随性创作。即便伯内特说“我不过是随手拿起一支笔开始勾画罢了”，但他对经典比例的喜爱仍然是显而易见的。巨大的碟状草坪是这里唯一的草坪区域，被用来举办各种活动和集会，它的形态是对直线型游客中心建筑的平衡。一条引人注目的种满加利福尼亚州佛树的宽阔步行道环绕着草坪，佛树因它独特的绿色树皮而得名。加利福尼亚州佛树醒目的黄色花朵让人想到梵高麦田中显眼的金黄色。

航拍图中可以看到一些小空间沿着阔绰的圆形草坪分布，伯内特希望利用这些小空间鼓励游客们探索这个花园。迷宫在草坪的左边

游客们在加利福尼亚州佛树下环绕着圆形草坪漫步

花园里的迷宫是为了让游客放松，而不是为难他们。伯内特希望这个古老的图案能够让那些在安纳伯格庄园参加繁忙会议的人得到平静

遍布在花园里的座椅为人们提供驻足的场所去欣赏那些戏剧化运用沙漠植物的场景，比如这个场景左边是芦荟、右边是开着红花的龙舌兰

乡土植物组成的草地是长耳大野兔、响尾蛇等本土野生动物的栖息地

此外，伯内特还希望吸引游客们到花园中漫步、探索不同的植被区域、寻找迷宫并感受其中的小路。他沿步行道设计了几处便于歇坐的地方，每张座椅的摆放都能让游客们欣赏花园里繁盛的沙漠植物。山脉是这片风景的背景，就如梵高的画作一样。

詹姆斯・伯内特笔下的安纳伯格庄园的加州佛树和桶形仙人掌

詹姆斯・伯内特赞赏邓肯・马丁（Duncan Martin）的作品，并要求参加他的绘画课程。就在伯内特作画的同一天，马丁创作了这幅关于安纳伯格庄园的画作

吉勒斯·克莱门特
GILLES CLÉMENT

杜凯布朗利博物馆花园
Garden at The Musée Du Quai Branly
法国巴黎
Paris, France
开放于2006年
Opened in 2006

吉勒斯·克莱门特的博物馆花园仿效了草原生态系统。这个花园让参观杜凯布朗利博物馆的许多人产生了共鸣。

对页上图：游客们沿着蜿蜒的小路可以抵达位于建筑悬挑下的杜凯布朗利博物馆入口。克莱门特通过精心挑选、搭配各种植物来营造更为野趣的自然

对页下图：茂盛的花园位于博物馆建筑和人行道的高耸玻璃墙之间，花园里有几处可以歇坐的地方

杜凯布朗利博物馆由法国建筑师让·努韦尔（Jean Nouvel）设计，前总统雅克·希拉克（Jacques Chirac）希望在巴黎创造一个非凡场所来展示非洲、亚洲、大洋洲以及美洲等非欧洲文化的艺术和手工艺品，该博物馆应运而生。希拉克自幼就对这些文化着迷，由于杜凯布朗利博物馆缺少展品，所以它的藏品都来自巴黎的其他机构。目前该博物馆收藏了30万余件来自全球不同原住民的藏品，馆内任何时候都有大约3500件藏品在展出。

吉勒斯·克莱门特拥有植物学家、生态学家、昆虫学家、艺术家、花园设计师、哲学家、园艺家、教授以及作家等众多称谓，他认为杜凯布朗利博物馆的花园是他与大自然合作的最好案例。这个博物馆花园的设计灵感一方面来源于他对世界各地本土植物的知识，另一方面来自他对博物馆展出的多种文明所共有的有趣的古代文化符号的研究。

从埃菲尔铁塔望出去的鸟瞰图展示了博物馆和布朗利沿河大道以及塞纳河的关系

对页上图：人行道透过玻璃围墙能够共享帕特里克・布兰克（Patrick Blanc）的垂直花园

对页下图：克莱门特在法国农村地区的家位于一大片野生的开花植物中

杜凯布朗利博物馆开放于2006年夏天，坐落于塞纳河沿岸靠近埃菲尔铁塔的繁忙街道上，其名字就源于这条街道。博物馆面向塞纳河的建筑立面沿着河道的曲线弯曲，一条约180米（600英尺）长、12米（40英尺）高的玻璃围墙沿着公共人行道建造，将博物馆庇护起来。这个透明的围墙不但能削弱凯布朗利沿河大道多条机动车道产生的噪声，还能保持博物馆和城市场景之间的视觉联系。在博物馆内部，曲折的走廊引导游客们穿过展览空间。

在巴黎的后奥斯曼（post-Haussmann）时期传统且几何化的城市环境中，曲线传递出一种新的想象力，克莱门特设计的博物馆花园就很好地证明了这一点。他所创造的博物馆景观让人眼前一亮。这个花园不仅体现了杜凯布朗利博物馆的使命，同时也反射出克莱门特长期以来关于创造自然景观的想法。

这些想法源于克莱门特在法国农村的童年，那时候他总喜欢待在父母的花园里。他曾公开地承认，自己是学校里成绩最差、最不用功的学生，总喜欢做梦和画画。在他15岁时，一位高中老师和他谈起景观设计专业——一个能够将他的绘画兴趣和园艺兴趣相结合的专业。克莱门特意识到当他有机会更多地了解自己的真正兴趣——自然的时候，他就变得不再懒惰了。

正是这些训练和人生经历成就了克莱门特多才多艺的事业，他才得以设计现在人们所见的这个花园。这个花园设计不同于博物馆的建筑设计，它避免使用直线。他认为景观设计师应该与园丁紧密合作。当还在父母花园里劳作的时候，他就发现花园的维护工作都与杀生有关：使用喷雾器和毒药，就像军队作战。对他人生影响重大的一次经历是有一次他没采取充分的保护措施就使用父亲的喷雾器。在吸入有毒粉末后，他倒下昏迷了两天。就如他后来所言："我们杀死昆虫的同时，也在杀死园丁。"

克莱门特在巴黎一个敞亮的工作室工作，他被书籍、画作、植物、蝴蝶标本、舒适的沙发、一架钢琴、一个老竹马、一碗贝壳、美术用品和一个覆盖着彩色蜡笔草图的画板所包围。虽然这里很舒适，但克莱门特在巴黎"只算是过客"。他"真正的床"在利穆赞（Limousin）的克勒兹山谷（Creuse Valley），一个有森林、山谷和溪流的景色优美的乡村地区。20世纪70年代克莱门特在自己童年时的房子附近买了这块地，开始实验一种"不对抗自然且结合自然"的全新园艺方式。这也是他所有作品都在表达的基本哲学。"景观设计师追求的几何形态是保护生命的正确方式吗？"他情绪激昂地问道："维护一个有草坪、树篱的规整花园和使用杀虫剂是十分昂贵的。它值得这么做吗？或者说这样做正确吗？"

musée du quai Branly
upside

在杜凯布朗利博物馆入口立面的这张图片里可以看到克莱门特的植物配植

在街道围墙边驻足歇坐的行人能够观赏由博物馆南面的水池、繁茂植物和枝条状围栏构成的愉悦景色

对页上图：开花树木之间足够宽阔的间距让阳光能够抵达林下的植物

对页下图：从克莱门特的杜凯布朗利博物馆景观平面图可以看到花园里有许多有机形态的曲径

让·努韦尔的博物馆建筑拥有不同的建筑立面，拥有异质且多彩的要素。它因为扩大了传统欧洲建筑的规模，所以和周围其他典型的19世纪建筑显得格格不入。杜凯布朗利博物馆反倒因此显得大胆和顽皮。它背后的建筑立面和前立面几乎没有任何关联。众所周知，博物馆的行政办公室部分被笼罩在帕特里克·布兰克设计的垂直绿化墙中。

克莱门特起初的设计意图是仿效大草原设计博物馆花园，草原景观的特征是光线能够穿过稀疏的树冠直达覆盖地面的草本地被。克莱门特表示，因为大草原的树木稀疏，所以杜凯布朗利博物馆的花园景观也不会是昏暗的。他在博物馆建筑的北面放置较大的树，较小的树被放置在建筑南面，这样博物馆可以获得更多的阳光。

穿过宛如大草原一般景观的小路是有机、弯曲且有魅力的，花季过后的树和丰盛的草本植物顺着小路延展至水边或某个可以歇坐的安静场所。虽然克莱门特偏爱乡土植物，但他同样会使用开花的樱桃树和玉兰等装饰植物，它们在春天能给游客带来更多的乐趣。在秋天，花园的好几个区域会被庄严的芒草等多种青草占据，秋日的阳光装点了它们高扬的、羽毛般柔软的花朵。

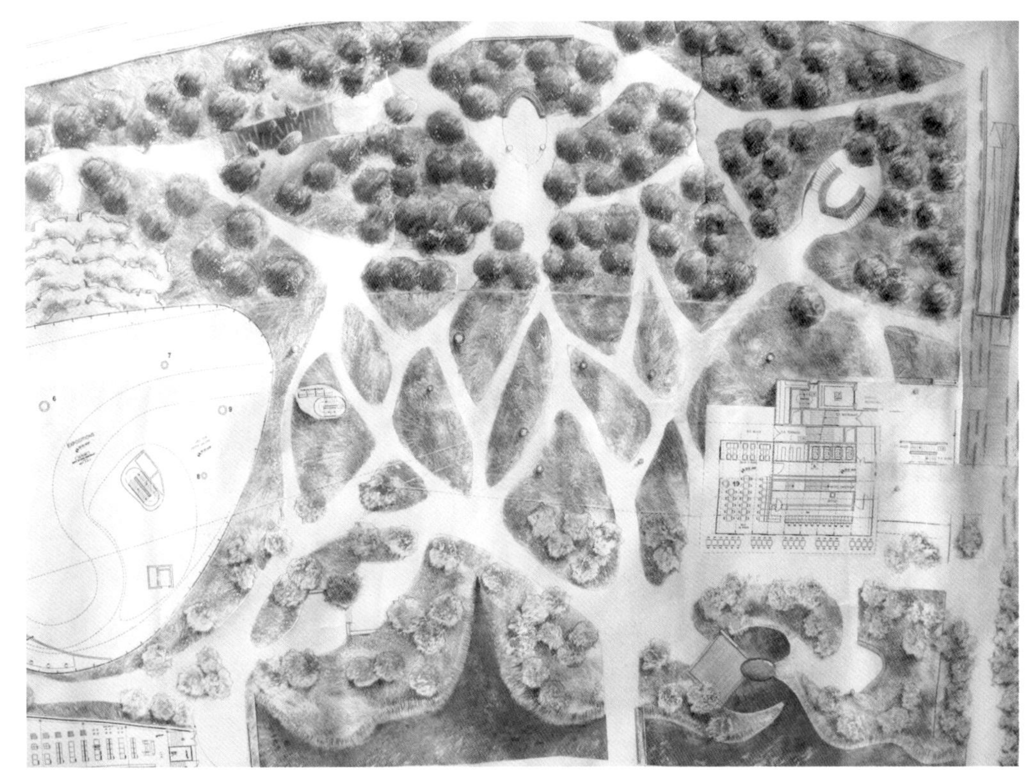

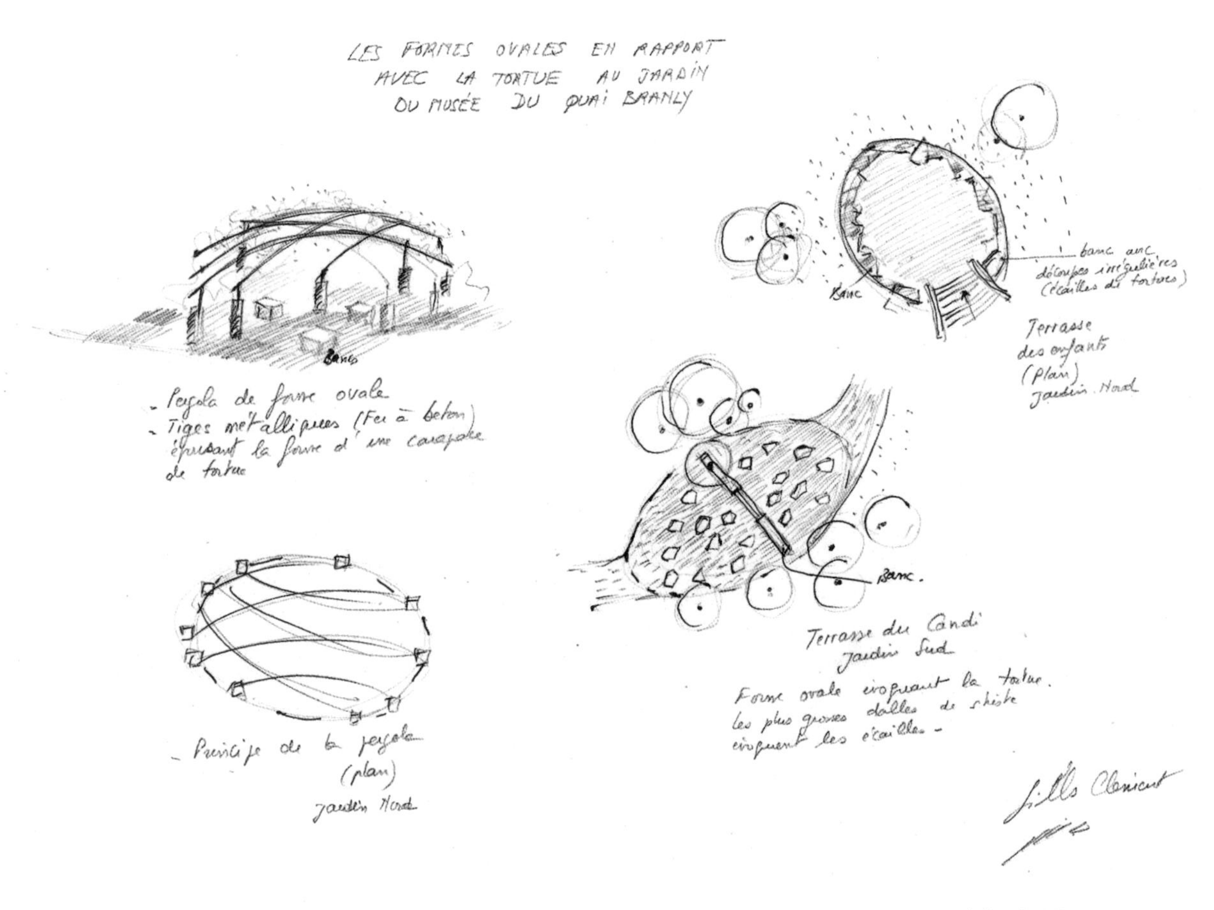

克莱门特给博物馆的花园绘制的乌龟元素草图

克莱门特渴望将博物馆里不同文化的通用符号和象征渗透进花园设计里，因此读了许多不同的资料，后来欣喜地发现乌龟是绝大多数早期文明的共同母题。在亚洲，乌龟是佛陀的坐骑；在非洲，乌龟是被审判的人所坐的座椅；在印第安人生活的南美，它是一个地方的形状：那个村子呈椭圆形，就像个乌龟，乌龟的尾巴指向河流。乌龟在世界各地的传说和民谣中扮演着不同角色，并且出现在许多文化的创世神话中。乌龟，代表着创造力。在风水学说里，据说房子后门或后花园的水池里有乌龟的话，就能够招来好运。它象征长寿、聪明，甚至奸诈。

在克莱门特的努力下，博物馆花园到处都是“乌龟”。就如他草图所体现的那样，克莱门特决定把乌龟形状使用在尽可能多的地方。其中包括前花园中一个带顶盖的歇坐场所、博物馆后面一个开放的歇坐场所以及一个用来吸引儿童的小水池。但凡花园的某一形态能在某种程度上让人联想到乌龟的象征，那它就确实包含这种意图。

在设计过程中，克莱门特画了许多草图并展示给让·努韦尔看，不仅有乌龟的还有昆虫和植物的（绝大多数是大草原植物）草图。穿过花园的混凝土道路上刻印了300多种图案，但因为人流量繁忙，这些图案很难被人看清，克莱门特本人对此很遗憾。

克莱门特最喜欢的形象之一是蜻蜓，这种生物在地球上栖息了数百万年，每当夏日来临，它就会出现在公园的步行道和水池畔。在克莱门特看来，这个花园乃至所有景观（无论是自然的还是人工的）的本质都如蜻蜓由水生若虫蜕变为飞虫一般，无论这种景观是自然的还得人工的。他说花园的本质是变化，他认为这是好事。

在前花园的一个小型露天剧场的形状像乌龟的壳

在一个乌龟形状的歇坐区域，铺装上有平坦的、乌龟形状的石头

一个小男孩背对着水池，坐在春季开花乔木和茂盛草地之间的矮墙上

加里·希尔德布兰德

GARY HILDERBRAND

老采石场住宅

Old Quarry Residence

康涅狄格州吉尔福德

Guilford, Connecticut

竣工于2012年

Completed in 2012

这个滨水场地在历史上的利用方式启发了加里·希尔德布兰德，它原本是一个占地广阔的花岗岩采石场的一部分，还曾为自由女神像基座和美国东北部其他的重要建筑提供过石材。

这些围绕着矿尾池、被仔细摆放成一行行的花岗岩块遗弃在这处场地上长达一个世纪，它们见证了采石场的旧时光。希尔德布兰德希望利用这些废弃的石头构成一个能够调和过去和现在的巧妙组合

史东尼河的多兹花岗岩公司（The Dodds Granite Company）的采石场，这里与贝蒂采石场相距不远，这张照片是该采石场在20世纪20年代的运营场景

加里·希尔德布兰德的滨水别墅项目位于康涅狄格州的吉尔福德，这里曾经是贝蒂采石场（Beattie’s Quarry），希尔德布兰德的景观设计灵感正是源于场地上大量的石头碎片。成吨的花岗岩尾矿因为无法满足商业用途，被遗弃在这里长达近一个世纪。希尔德布兰德说，布满整个场地的碎石块是昔日采石场的有形记忆。

其他人在这里只看到碎石，但希尔德布兰德看到了可能性。这些石头大多是好看的，特别是有些石头具有当地花岗岩特有的粉色。另一方面，希尔德布兰德着迷于当地采石场对新英格兰城市建筑的贡献。这些采石场坐落在康涅狄格州的海岸线上，能够很便利地将花岗岩通过海运运抵南边的纽约和北边的新英格兰。这里还是意大利和欧洲南部许多移民的家，他们能够在危险的条件下娴熟地从百万年前形成的巨大岩架上卸下沉重的花岗岩石块。

19世纪后期城市发展的繁荣时期，康涅狄格州史东尼河（Stony River）的这些采石场一直忙碌于为整个美国东北部的建筑项目提供高品质的花岗岩。虽然布兰特福德（Branford）和吉尔福德（Guilford）地区绝大多数的乡镇采石场已经消失，但它们存在过的印记不仅留在石头纪念碑和建筑上，还留在了当地遗存的花岗岩碓里。在有的地方，花岗岩碓覆盖了数英亩的区域。

自由女神像基座的所有粉色花岗岩都由贝蒂采石场提供

从水的一侧看这个场地，能看到岸边来自旧采石场的花岗岩碎片

约翰·贝蒂（John Beattie）的采石场开办于1870年，位于吉尔福德长岛海峡的海边，工人规模曾一度超过500人。贝蒂是苏格兰移民，他在采石场里建起一个村庄，里面有他的房子、一个会议大厅、一间杂货铺、一个寄宿公寓和许多供工人们居住的小房子。他利用自己的纵帆船队沿海岸线运载那些醒目的粉色石头，用于建造铁路桥梁、广场、灯塔和城市的纪念碑。其中最出名的是他曾为自由女神像底座提供巨大的粉色花岗岩石块，有的石块重逾6吨。

贝蒂的采石场在第一次世界大战期间关闭。约翰·贝蒂死后，采石场的土地被人买走并细分。此后这个区域建起了数十栋私人别墅，但裸露的岩架和地面上仍然留存了许多采石场的石头。2004年希尔德布兰德的客户在海边一块大致平坦、面积较小的土地上买了一栋房子。

房子的主人们是建筑师，他们细致地重建了这栋20世纪50年代由极简主义雕塑家托尼·史密斯（Tony Smith）设计的别墅。他们还建造了一个小的附属用房，通过拥有玻璃墙体的桥与原房子相连接。史密斯设计的房子架在钢柱上，所有的起居空间都在二层。就近来严重的风暴和沿海洪灾而言，这确实是一个具有先见之明的决定。

沿老采石场海岸线建造的别墅大多是传统样式，通常都被绿草坪环绕。希尔德布兰德第一次考察场地时就觉得需要用一种不同于以往的、有机且低维护的方式来设计这个建筑和周围的环境。更重要的是他希望使用场地原有的材料，特别是增加强壮且适应性强的原有乡土植物。

他通过调查周边的采石场岩架，发现本土橡树和黑樱桃能够在此播种并且很好地生长。他在植物列表里列入了这些树种以及其他能够很好地适应严峻海岸条件的植物，如草香碗蕨、蓝莓、熊莓以及杜松。

雕塑家托尼・史密斯设计的原别墅抬起于地面、架在钢柱之上。石头步道的灵感来源于东海岸的石头防波堤，它还让人联想到日本桂离宫的石头步道

在场地（标注红圈的位置）的航拍图上可以看到康涅狄格州在吉尔福德区域的海岸线和周边的房子

穿过居住区的道路可以看到老采石场的一个废弃立面

场地靠海岸一侧的入口道路串联起别墅、踏脚石和车道。希尔德布兰德选择在别墅周围种上矮羊茅草地，而不是草坪

这个居住区不远处有一个老的石头防波堤和灯塔，希尔德布兰德的石头小路正是受到这种码头的启发

希尔德布兰德设计了一条小路，从车道穿过新栽的乡土灌木和地被。这些取自场地的石头以随意的方式摆放

一个春天的下午，邻居院子里的割草机突然加速运行，希尔德布兰德对随之而来的噪声皱眉蹙额。因此他决定要让这个场地具有乡村般平静、安定的氛围。为了达成这个目标，他取消了所有的草坪。但是出于尊重约翰·史密斯简洁而优雅的板式建筑，希尔德布兰德还是选择在建筑前面种植些低矮的植物。于是他用混合的矮羊茅创造了一片矮草地，不但能很好地应付风暴潮还能对抗含盐的海风。这样的种植看起来既野趣活泼，又不会太高。

两条窄窄的石头小路穿过建筑前面的矮草地，它们以一种优雅的方式相互关联但又彼此不相连，小路的灵感来自附近石头防波堤的表面纹理。小路原本是功能性的，但希尔德布兰德对小路的诗意运用让人想起英格兰海岸上的防波堤。

在整个景观里，他使用场地上原本无处不在的花岗岩创造了好几条由石头踏步构成的蜿蜒小路。这些小路不仅实用，同时还为整个景观营造了一种不拘礼节的随意感。

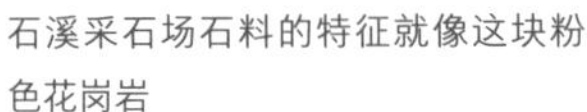

石溪采石场石料的特征就像这块粉色花岗岩

场地上发现了大量废弃的花岗岩尾矿，这让希尔德布兰德想到在自己醒目的设计构图中重新利用它们。这段走廊将建造于20世纪50年代的住宅和新建建筑连接在一起

面对这个无论是竖直立面还是水平地面都随处散落着石头的场地，虽然希尔德布兰德也可以建议业主像许多当地房主一样将所有采石场的石头挪走，但他更希望用一种尊重本地历史的方式对待这些花岗岩，就像他自己说的，“捕捉采石场的特色”。他并没有抛弃它们，而是用一种自称是园林式的手法将这些石头吸收到艺术创作里。为了保持老采石场原有的石头感觉，他叮嘱石匠们在运用这些石头时不要凿或破坏它们，而是尽可能保持它们100年前的样子。

一块经过选择的特殊粉色花岗岩被用作房子的入口踏步。车库停车场的一系列花岗岩被刻上一种平行的开裂痕迹，这种痕迹常见于采石场的石头。希尔德布兰德在地面层用四块“切割非常漂亮的石头”连接两个建筑。另一方面，许多原有的石头被原封不动地留在入口车道附近，作为老采石场的历史印记。一个不经意崩塌在树林和蕨类植物里的小斜坡在提醒人们这个场地保持了希尔德布兰德第一次造访时的样子。

照片里的这处场地位于通往房屋的入口附近，它基本上没有任何变化，石料散落一地的状态就和刚发现时一样

仔细观察会发现胡乱摆放的花岗岩碎石形成了一条隐隐约约的小路

右图：希尔德布兰德粗略的草图表现了在他的想象中这些石头是如何被重新组织的，代表石头的深色标记完全布满了整个场地

希尔德布兰德对场地石头最为戏剧化和艺术化的处理方式体现为一种独特而新颖的石头堆叠形式，这种形式始于两个建筑间的围合空间，然后缓缓地向着不远处的尾矿坑延伸。在两个建筑间的围合空间里，这些石块经石匠轻微地修饰后斜对着堆叠成行，创造出了一个既是雕塑又是景观的作品。

希尔德布兰德在尾矿坑创造了一种充满想象力的排布组合，石头从顶部整齐规则的排列变为底部杂乱的原始状态

尾矿坑是贝蒂采石场存放废弃石块的遗留物。当海水涨到高潮位的时候，它能够收集海水，一个多世纪以来它都是如此运作的。希尔德布兰德将一些平坦的石头摆放在矿坑的边缘，从而创造出步行小路。从矿坑本身来看，矿坑上面部分的石头环绕中心按一定角度堆放，但这种图案清晰的排放方式向下逐渐演变为凌乱的石头堆，到达矿坑底部时，石头已经不具有任何图案，仅仅保留了百年前尾矿被丢弃时的样子。

虽然希尔德布兰德的事务所尝试通过很多草图向业主和工匠传达花岗岩碎片的设计概念，但就连希尔德布兰德本人也承认这个概念很难通过绘图表达，事实上石头的摆放形式和图案大多是在现场确定的。由于实在没法向石匠清晰地说明石头的组织形式，希尔德布兰德以及事务所的项目负责人贝卡·斯丹格（Beka Sturges）和埃里克·克雷默（Eric Kramer）花费了数百个小时在场地上与石匠耐心协作。

希尔德布兰德通过堆叠更多石头使这个花岗岩残料堆成的老石堆变得更为巨大，他在石堆前设计了一个安静的休息区

哈维·菲特在他买下的青石采石场里用双手创作了第40号作品，他不使用灰浆，仅用场地原有的石头创造了一系列纪念性的墙、阶地、平台、坡道、螺旋和踏步。图片仅仅展示了这个占地数英亩的作品戏剧性的一部分

希尔德布兰德刻意在靠近矿坑的地方保留了一个用采石场弃石堆成的石堆，石堆和矿坑的形态构成了一组有趣的并列。希尔德布兰德自问“如何才能将这些异质的东西变为有价值的资产”。他挪来四周的石头将这个石堆堆砌得更为明显，同时腾出更多空间给草地。现在他十分喜欢自己设计在石堆旁的安静休息空间。

当开始思考如何将所有残存的石头整合到景观中，他发现并没有太多先例可以借鉴。其中一个可借鉴的案例是他年轻时就已经知道的哈维·菲特（Harvey Fite）的第40号作品（Opus 40）。1938年哈维·菲特买下了一个位于纽约阿尔斯特县、面积约4.86公顷（12英亩）的已废弃的青石采石场，他用自己余生40年的时间在那里用石头建造了一个2.6公顷（6.5英亩）的纪念碑。菲特将他研究古代玛雅人所得的石造技术运用于此，仅凭借传统的采石工具、不使用灰浆便创造出了这个巨大的石头土方工程，现在那里成了一个雕塑公园和博物馆。

康涅狄格州这个令人思绪驰骋的石头构筑是希尔德布兰德创造性想象力的产物，它的灵感既来自希尔德布兰德记忆里的第40号作品，也来自他对老花岗岩采石场的艰苦岁月以及为美国城市打造建筑石块的那代人的深刻理解。

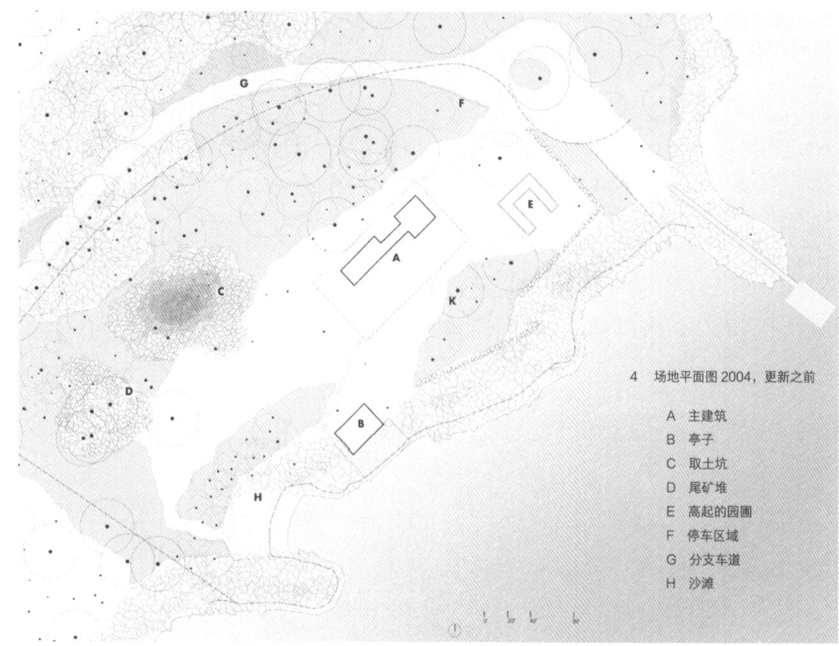

4 场地平面图 2004，更新之前

A 主建筑
B 亭子
C 取土坑
D 尾矿堆
E 高起的园圃
F 停车区域
G 分支车道
H 沙滩

该平面图表现了在希尔德布兰德设计之
前的场地状况

新的平面图表现了别墅的新建部分和希尔德布兰
德将会实施的景观设计

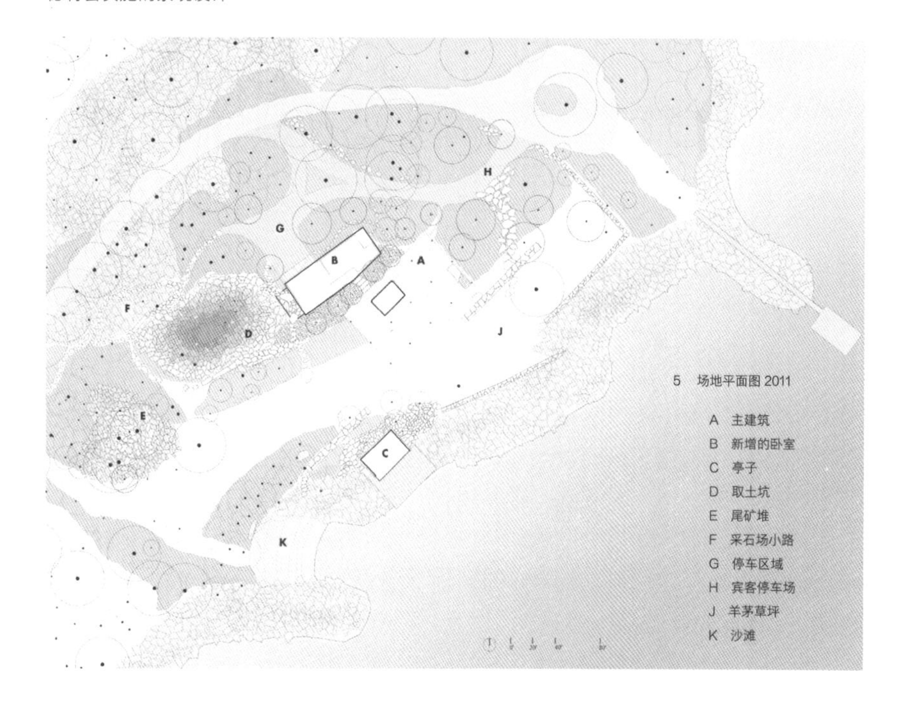

5 场地平面图 2011

A 主建筑
B 新增的卧室
C 亭子
D 取土坑
E 尾矿堆
F 采石场小路
G 停车区域
H 宾客停车场
J 羊茅草坪
K 沙滩

查尔斯·詹克斯
CHARLES JENCKS

分裂细胞，玛吉癌症关怀中心

Dividing Cells, Maggie's Cancer Caring Centre

苏格兰因佛内斯

Inverness, Scotland

竣工于2005年

Completed in 2005

查尔斯·詹克斯在因佛内斯的玛吉癌症关怀中心的设计灵感来自与癌症斗争的健康的人类免疫细胞。

从因佛内斯玛吉癌症关怀中心的航拍图中可以看到像分裂细胞一样的建筑物，带螺旋状小路的两个土堆代表分裂后的姐妹细胞

温斯顿·邱吉尔在1944年写道“我们塑造我们的建筑，然后我们的建筑又塑造我们”。 建筑和景观在玛吉癌症关怀中心所担当的角色从本质上体现了这个理念。在苏格兰因佛内斯的玛吉癌症关怀中心，查尔斯·詹克斯希望建筑和景观的形状能够向所有到访者传达一种象征健康的信号。他将源于细胞分裂形式的原始概念最终演变为一个非凡的作品，作品中的建筑和景观阐述了同一个逻辑。

虽然对于詹克斯而言，想要在花园里刻画健康细胞只是一种他个人的满怀希望的积极表述，但实际的建成效果是直白且具有象征性的。詹克斯知道当今众多癌症研究的重点在于从人类身体的健康细胞中寻找克服癌症的关键点。免疫疗法就利用了病人免疫系统的特化细胞，这种细胞能够将特定的肿瘤细胞识别为不正常细胞，然后利用人体应对外来入侵物的正常机制消灭肿瘤细胞。

玛吉癌症关怀中心由几栋分散的小型建筑组成，靠近另外几家来自英国和其他国家的大医院，能够为癌症病人和他们的家庭提供支持、信息和建议，此外还能提供喝茶、看电视新闻、心理咨询、社交、私密的场所，甚至还可能开设瑜伽、锻炼和营养课程。建筑设计本身让到访者感到舒服和备受欢迎，它希望传达给人们一种理念：即使面对威胁生命的疾病，也能感受到令人欣喜的生命可能。

玛吉癌症关怀中心是已故的玛吉·凯瑟克（maggie Keswick）的遗赠，她是一位园艺师以及《中国园林：历史、艺术和建筑》（The Chinese Garden: History， Art and Architecture）的作者。玛吉（正如大家所熟知的）生于苏格兰，但童年的绝大部分时间在中国度过。就读牛津大学时她学习中古英语，同时还在伦敦建筑协会学习过。在建筑协会她结识了自己未来的丈夫查尔斯·詹克斯——一位出生于美国的建筑作家和评论家。作为园艺师，玛吉·凯瑟克曾和建筑师弗兰克·盖里（Frank Gehry）、雕塑家克拉尔·奥尔登堡（Claes Oldenburg）合作过项目，从1989年开始，她和丈夫在苏格兰西南部合作设计了面积约12.15公顷（30英亩）的宇宙猜想花园（Garden of Cosmic Speculation）。

1981年查尔斯·詹克斯和玛吉·凯瑟克在巴黎的一次聚会上

玛吉·凯瑟克47岁时被诊断为乳腺癌并接受手术，之后她相信自己已经痊愈并将疾病置于脑后。然而3年后，以詹克斯的话来说是癌症又“咆哮而回”，这时玛吉发现国有的健康服务医院并不能满足癌症病人和家庭的需求，这里几乎没有能够帮助病人决定治疗方案的信息，也没有时间给予病人安慰和建议。她畅想着一个免费向公众开放的嵌入式癌症关怀中心，于是基于自己的体验，为这样的场所绘制了一幅蓝图。玛吉留意到爱丁堡医院所属范围内有一块未使用的地块，1995年去世时，她正全力以赴于第一个癌症中心计划。1997年玛吉的第一个癌症关怀中心正式向公众开放，并以她的名字命名。

位于英国最北部城市因佛内斯的玛吉癌症关怀中心是建造的第四所癌症关怀中心。建筑师戴维·佩奇（David Page）和查尔斯共同合作这个设计，他们之前还一起合作了位于格拉斯哥的玛吉中心。据詹克斯回忆，从美国飞越大西洋前往苏格兰和佩奇见面的路上，他开始在小纸片上勾勒花园的形状。他所画的形状正是处于分离阶段的健康细胞。

詹克斯在玛吉患病期间学习了许多关于细胞生物学的知识。他知道细胞之间能够互相沟通以便控制自身的微环境，它们还会通过一种叫作有丝分裂的过程进行繁殖。这一过程首先是细胞遗传物质的复制，然后分裂形成两个细胞。细胞的正常周期过程是以稳定的速度产生新细胞。然而人一旦得了癌症，这一过程就会失去控制。这些恶性细胞会不受控制地生长，迅速复制形成肿瘤。

在飞机上勾勒完草图之后，詹克斯决定：因佛内斯市玛吉中心的景观应该基于受控制的有丝分裂的健康细胞的积极形象。他设计的花园一定会囊括地形塑造，这是他景观作品的特征。“在花园中”，他说，“我总是使用象征性的东西吸引人们的注意力。象征主义的花园能够让人慢下来、思考，然后得到放松。”

戴维·佩奇十分喜欢这个细胞形象的点子，他提议围绕詹克斯图形化的花园方案设计他的建筑。在詹克斯的花园设计里，“细胞”是从地面上拱起的杏仁状的覆草山丘，上面还有引导人攀爬的螺旋步道，而佩奇反转了这个形态，他设计的建筑屋顶是下凹的，看起来有点像个船。将两个相同半径的圆相交、并将彼此的圆心置于对方的圆周上，这样就构成了一个两头尖的椭圆形，建筑和山丘都使用了这个椭圆形状。

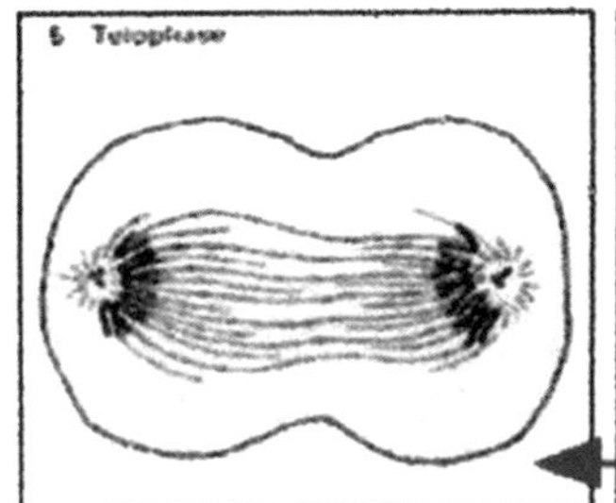

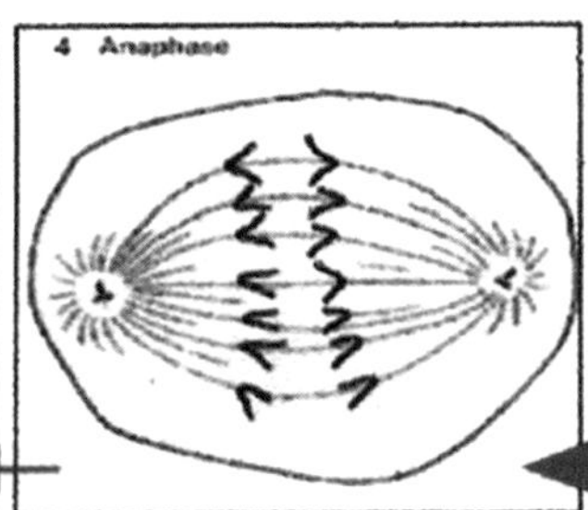

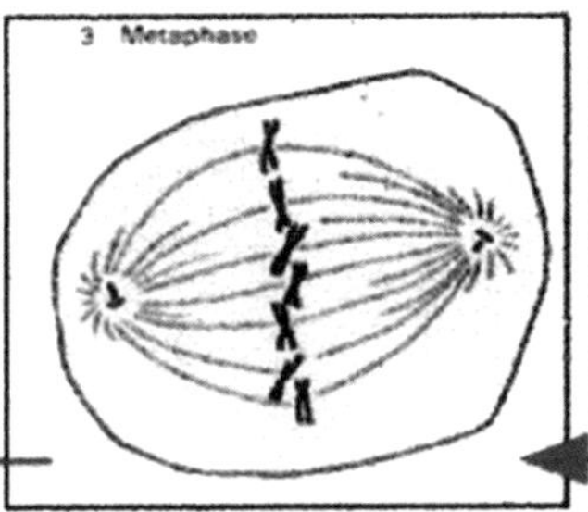

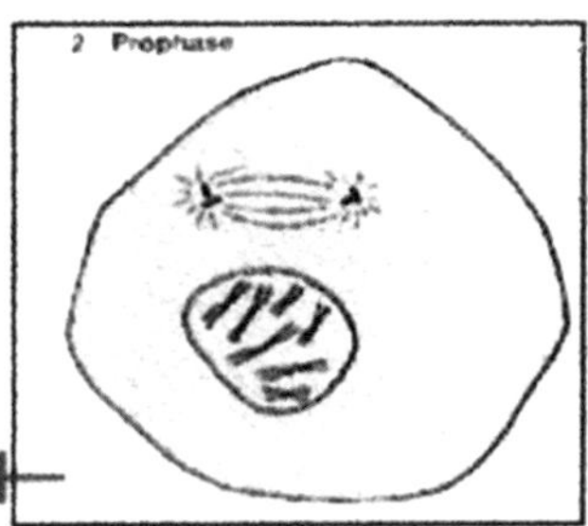

（细胞分裂的）末期　　（细胞分裂的）中期

（细胞分裂的）后期　　（细胞分裂的）前期

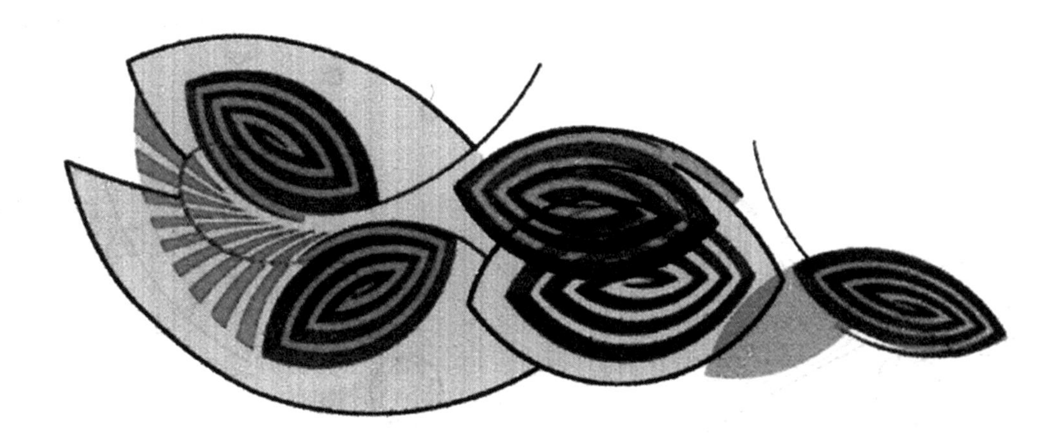

如上图所示，詹克斯将他的花园设计与细胞分裂的方式相关联

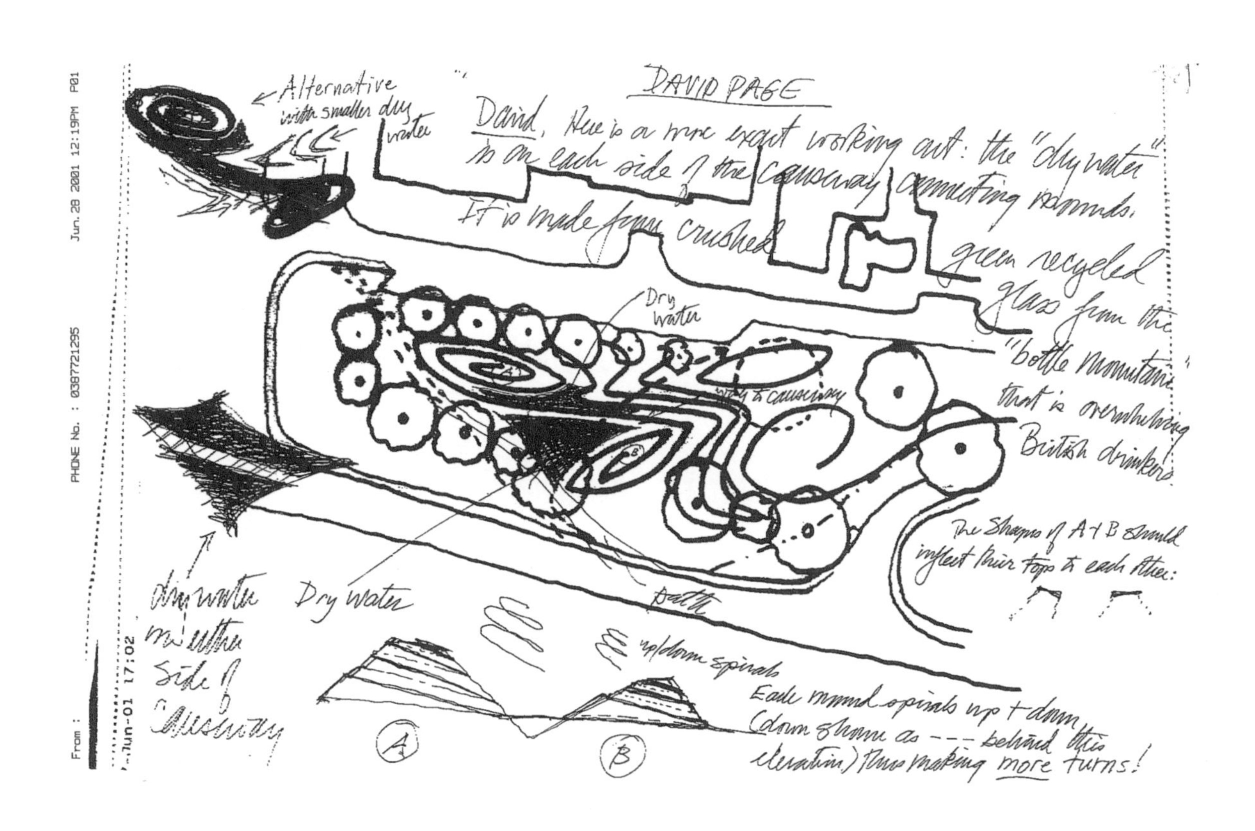

在这张早期的草图上，有詹克斯留给建筑师的注解，“戴维，这是更准确的规划样式。”

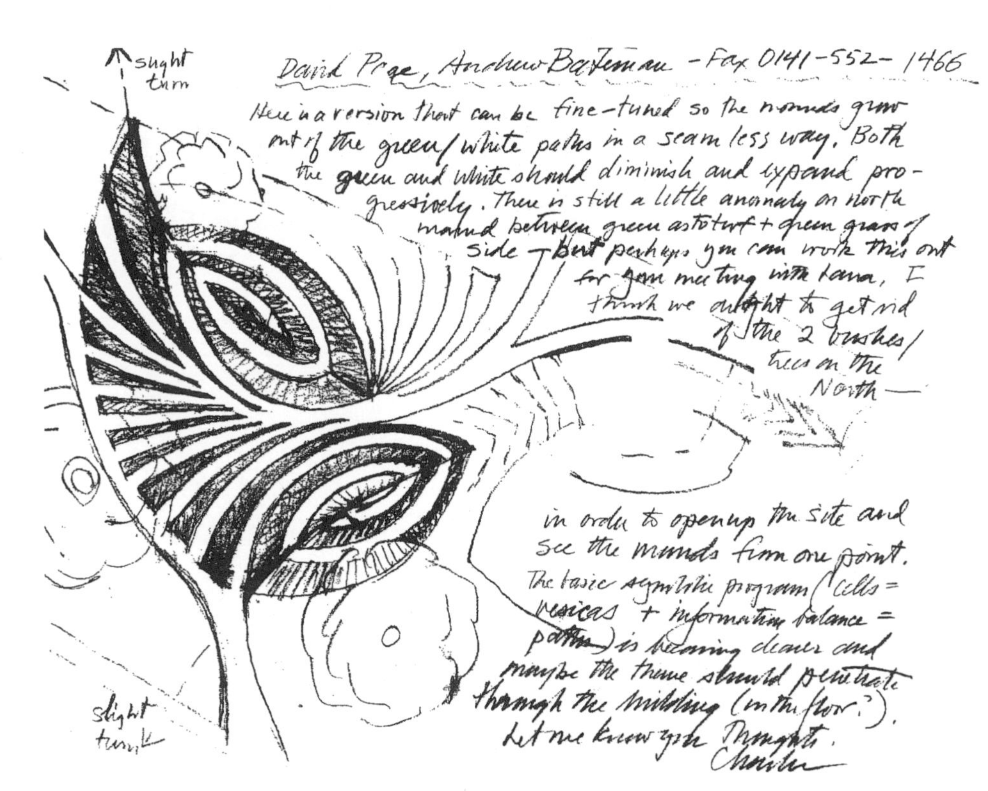

詹克斯传真给戴维·佩奇的这幅草图上写着，“这是调整过线型后的版本，山丘以一种无缝的形式生长出绿色/白色的小路。”

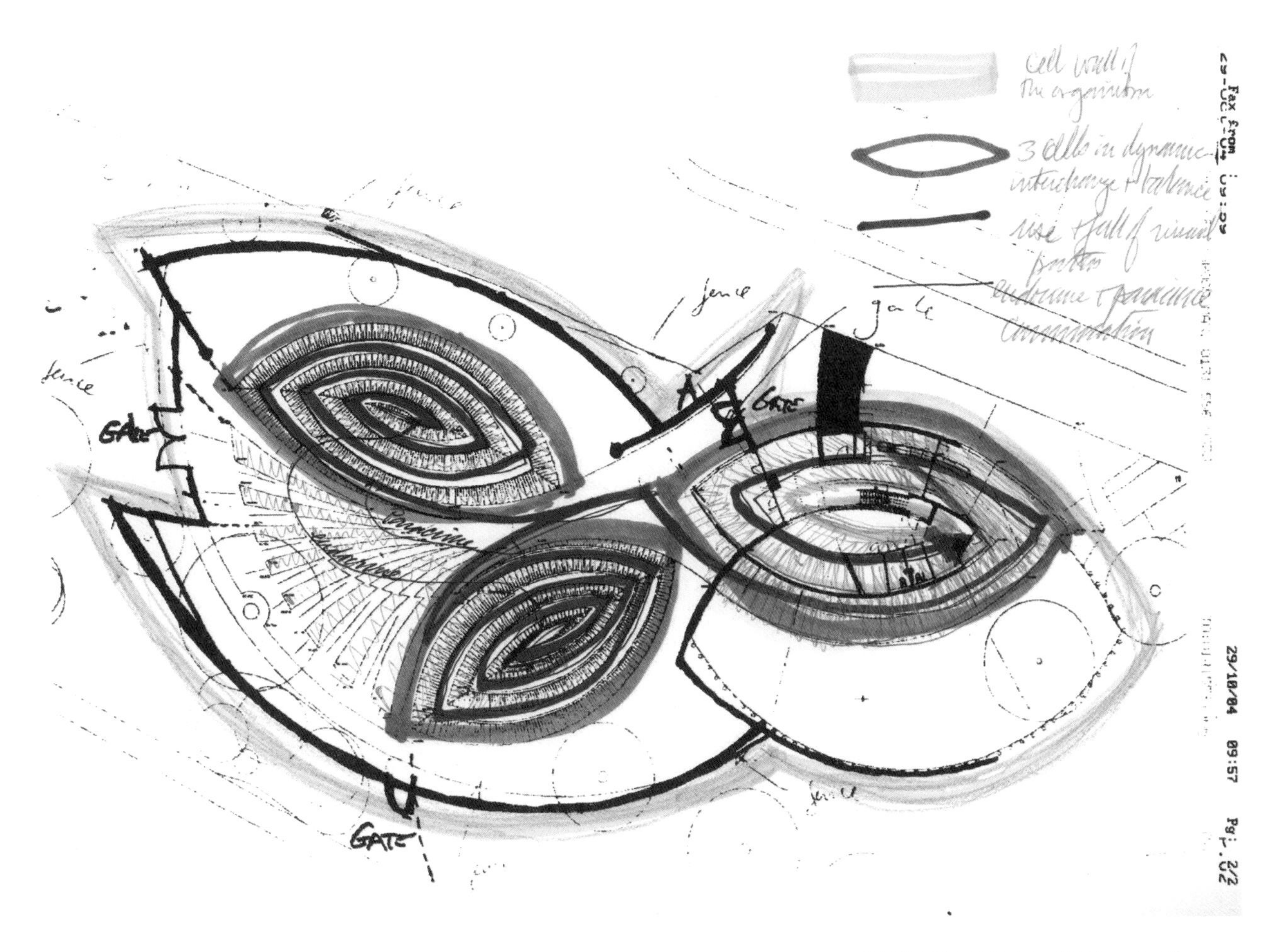

詹克斯的概念草图显示，建筑像一个正处于分裂过程的细胞，而左边花园里的两个山丘代表分裂后的细胞

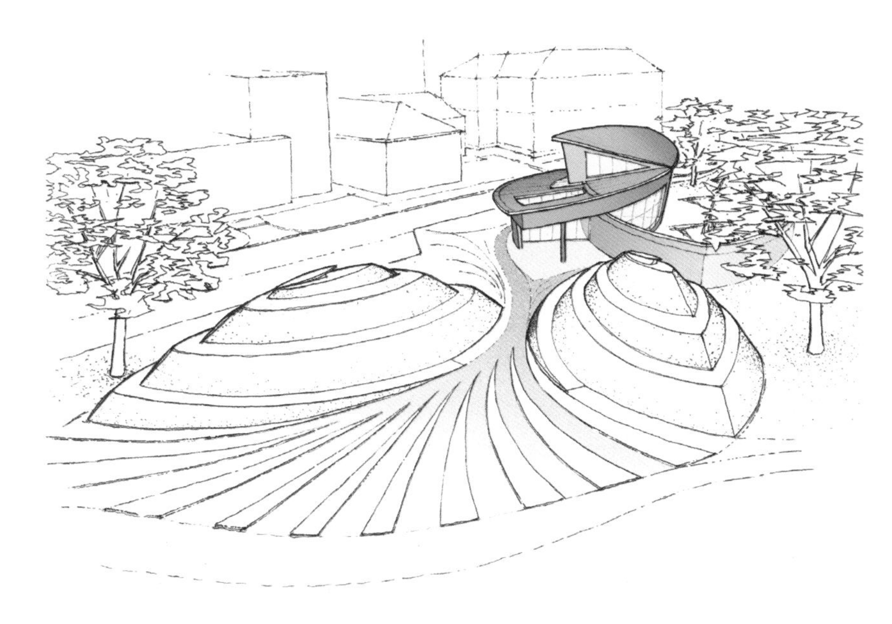

詹克斯为山丘和建筑做了相关研究

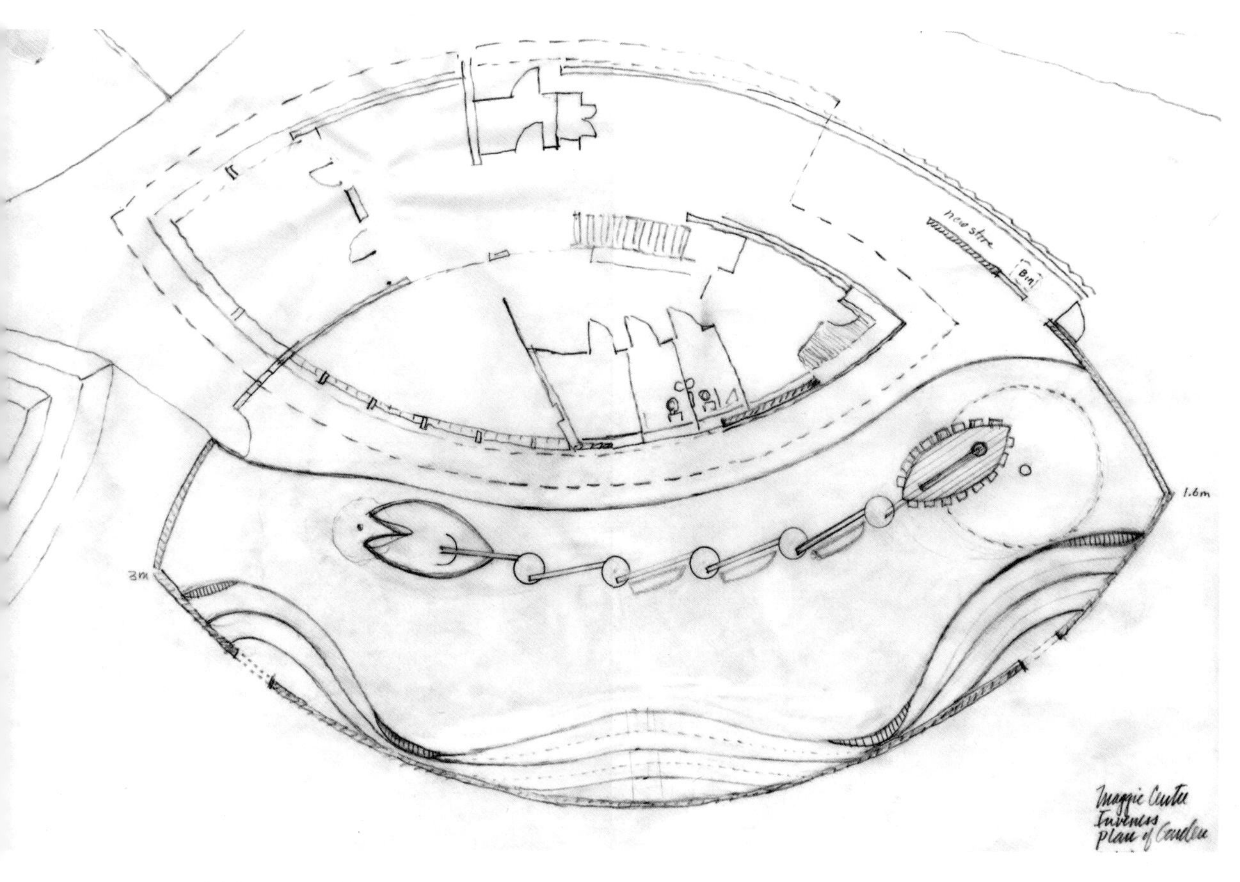

这个草图展示了建筑平面，可以想象成
两个分裂中的细胞

在规划中，建筑和花园的组合由东向西横跨场地排布。建筑东侧的花园里有一个单独的山丘“细胞”。然后，建筑本身构成一个正在分裂中的细胞。詹克斯解释说，在生物学意义上的有丝分裂末期可以看到两个独立的细胞。因此建筑西侧的花园主体部分里有两个毗邻的大山丘，代表分裂后细胞。在两个山丘的周围，一系列轻盈的形态蜿蜒在地面的草坪上，并被小石子环绕着。对詹克斯来说，这些扭动的形态生动地描绘出健康细胞之间必需的沟通。詹克斯还指出这种象征性的沟通其实延续到了阴影线里，几乎是不易察觉地“漫步在山丘的侧坡”。游客可以顺着单行道走上山丘的侧坡，踩着嘎吱作响的螺旋状沙砾小路抵达顶端，那里有一把象征着细胞核的白色椭圆形座椅。每把座椅顶上有一个带螺旋线的红色双向图，上面的文字“时间漩涡”既能正着读也能反着读，这正好体现了詹克斯喜欢在花园中使用文字游戏、符号以及历史母题的兴趣。

两座土丘代表分裂后的健康细胞，游客从它们之间进入建筑。地面上的轻盈形状同样延伸到土丘的侧坡上，表示细胞之间的沟通

这个规划平面发展了詹克斯的理念。他和建筑师一同在建筑和景观上表达健康的人类免疫细胞与癌症战斗的理念

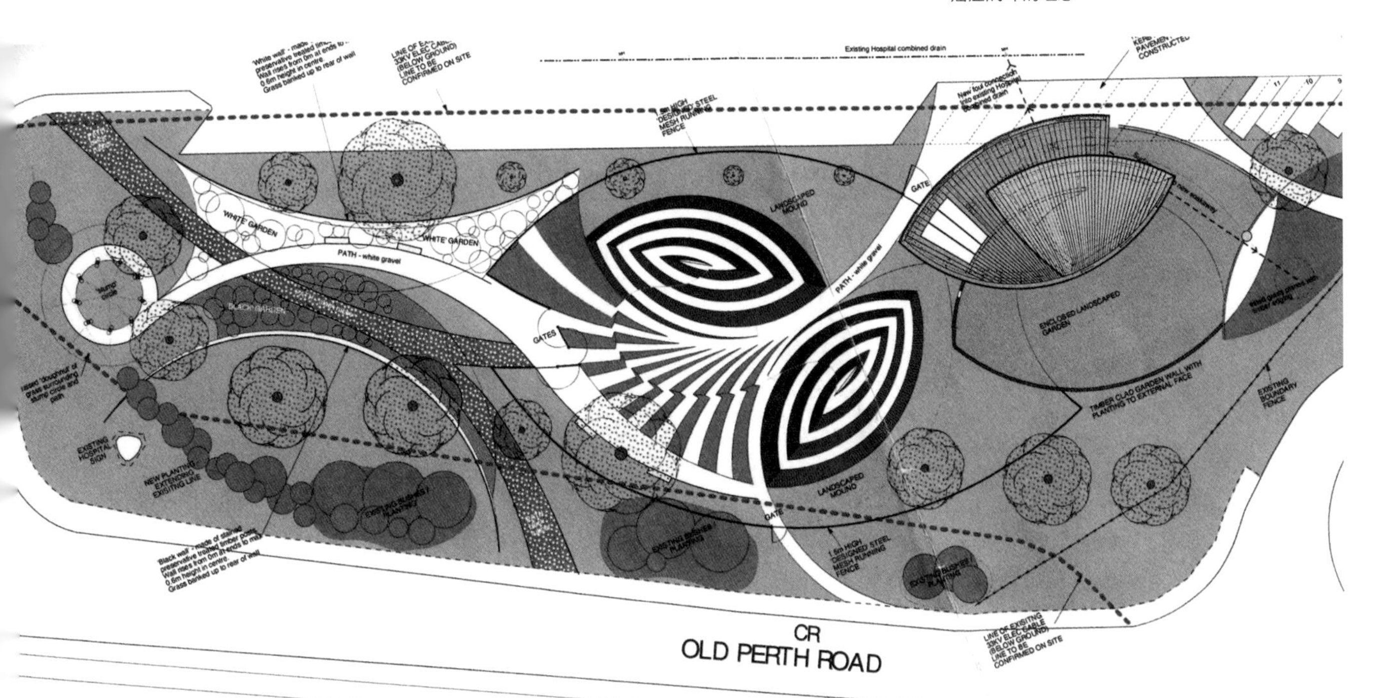

詹克斯的黑洞台地描绘了由黑洞导致的时空扭曲，这是他位于苏格兰的宇宙猜想公园里的一个元素

螺旋形状是詹克斯的最爱，他在景观设计生涯早期的宇宙猜想花园里也用了相似的形状，这个项目是他和玛吉在玛吉父母的土地上共同完成的。现在这个花园包含40个主要区域，涵盖诸如桥梁、阶地、雕塑和地形等元素。他同样也在其他项目里使用过螺旋形状，比如，他在意大利米兰波特洛公园（Parco del Portello）的时间花园（Time Garden）。对詹克斯来说，这是一个能和自然形态、和演变产生共鸣的形状。因佛内斯的玛吉癌症关怀中心的螺旋是紧致的，有一种紧绷的、坚持不懈的力量。地面上这些或绿或白的图案让人联想到宇宙猜想花园的黑洞台地所表现的生动力量。

和其他几个癌症关怀中心一样，因佛内斯的玛吉中心希望营造出温暖和迎宾的感觉

在宇宙猜想公园里，玛吉设计了一个湖，而詹克斯用湖里挖出来的土方建造了一个大土丘。和玛吉中心花园里的土丘“细胞”一样，这个大土丘也有能够攀爬的螺旋形小路

景观里“细胞”山丘的螺旋形状也延伸到了佩奇的建筑室内空间里，室内空间里流动着曲线和变化。建筑的室内空间既是戏剧性的，同时也是温暖的，就像其他所有的玛吉中心一样，能够让病人和他们的家庭感受到鼓励和希望。当癌症病人漫步在户外空间时，他们也能够从花园里象征着健康细胞繁殖和交流的形象化信息中得到希望。一种由形状、颜色和想象力构成的共同语言联系着这里的建筑和花园。和建筑一样，詹克斯的花园也希望通过一种积极的方式重塑到访者的生命。或者就如玛吉·凯瑟克所写的“无论如何都不要在死亡的恐惧面前丧失生活的乐趣。”

玛丽·玛格丽特·琼斯

MARY MARGARET JONES

探索绿色公园
Discovery Green
得克萨斯州休斯敦
Houston, Texas
开放于2008年
Opened in 2008

玛丽·玛格丽特·琼斯的探索绿色公园的设计灵感来自当地的传统花园和一位被她誉为“坚强的休斯敦女性”的女人。

种满白色杜鹃花的长条形花圃让人回想起历史上记载的休斯敦杜鹃花小道，这是一个延续至今的春天习俗。背景里的彩色金属雕塑是公园的几件艺术作品之一，由艺术家马尔戈·索耶（Margo Sawyer）设计

玛丽·玛格丽特·琼斯在得克萨斯州休斯敦附近长大，这里的花园给年幼的她留下深刻印象。或红或粉的茂盛杜鹃花长满高高的土丘，几乎遮挡住她家的房子。在记忆中她的母亲赢得了园艺俱乐部所有的插花类奖项，祖母来访的时候也总会给她们带新的植物。童年时琼斯也曾去过休斯敦著名的一年一度的杜鹃花小道远足，休斯敦的这个传统由橡树河花园俱乐部的女人们组织发起，自20世纪30年代开始每年三月持续开展三天。琼斯不但记住了那些五颜六色的杜鹃花，更是记住了主办这项活动的橡树河社区的氛围：绿意盎然的草坪和悬挑的高大树木，落在街上的树荫不但使人感觉平静，还能躲避高温。

这些关于花、植物和花园的童年经历让琼斯成为一位景观设计师，并且据她自己所说，这些经历也影响了她对休斯敦探索绿色公园的景观设计。是对休斯敦传统花园的知识，以及这座城市夏日里炎热潮湿的切身体会帮助她赢得了这个新公园的设计委托，修建这个公园的想法来自连任三届休斯敦市长的比尔·怀特（Bill White）。怀特市长有一个雄心勃勃的愿景：他希望将市中心约4.86公顷（12英亩）的停车场——一个荒无人烟且令人生畏的地方，转变成一个能够吸引全市市民、全年充满生机的公园。

在琼斯担任该公园的设计师后，公园又追加了一个扩大项目。整个项目涵盖餐饮、操场、大型表演空间、户外雕塑、湖泊、野餐区域、树屋、地滚球场、沙狐球场以及两个遛狗道，希望以此吸引尽可能多的人们，将人气带回荒凉的市中心区域。公众和城市领导者还期望这里能举办音乐会、电影、跳蚤市场、农夫市集、运动课程、皮划艇和滑冰等公园活动。

琼斯表示要在4.86公顷的场地里涵盖这么多元素是一项巨大的挑战。她最初的方案是将各种主要元素散布在公园里，但她很快意识到这种布局会产生太多的道路需求，让真正的公园区域变得十分有限。

琼斯决定用另一种空间组织方式取而代之，这种方式受到本地的花园传统和被琼斯称为“坚强的休斯敦女性”的当地活动启发，对于“坚强的休斯敦女性”而言，花园和公园就是愉悦和目的本身。在这些女性之中，伊玛·霍格（Ima Hogg）算得上是得克萨斯州的传奇，因对休斯敦社区的城市贡献以及杰出的慈善事业而闻名。她在橡树河社区的房子名为“河口弯道（Bayou Bend）”。她还在自家房子周围开辟了宽阔的花园。霍格的房产后来成为面向公众开放的博物馆和花园。虽然霍格去世于1975年，但她一直存在于琼斯的脑海中。这个公园之所以成功的另一个极其重要的因素是，南希·金德（Nancy Kinder）同意担任探索绿色公园保护协会（Discovery Green Conservancy）的创会主席，她是一位受人尊敬的城市绿地空间的长期支持者。探索绿色公园保护协会是一个非营利的市民团体，它与城市、民众一同努力将这个公园变为现实。

马克达·布朗·欧康纳（Maconda Brown O’Connor）也积极参与到探索绿色公园的规划过程，她是琼斯的“铁三角”中的一员。欧康纳的父亲是休斯敦商人乔治·R·布朗（George R. Brown），布朗基金会的办公室是这个项目组织团队的会议地点。在商议的过程中，当公园所需的所有这些活动威胁到公园的景观品质时，欧康纳直言不讳地表示，如果是她就不会为不好看的东西买单。她的观点“让它变绿、变漂亮”成为对琼斯的咒语，琼斯希望这个公园感觉上能像她童年记忆里引人入胜的街区绿洲，而不只是一个用于娱乐的公园。

左上图：伊玛·霍格女士坐在“河口弯道”别墅前，挨着她著名的杜鹃花

右上图：现在场地上的槲树荫小径与琼斯记忆中钟爱的布满树荫的休斯敦老街坊相呼应。这些树构成探索绿色公园的重要设计元素

左图：停车场原本覆盖了探索绿色公园的大部分场地

琼斯尝试在探索绿色公园里置入出色的活动布局

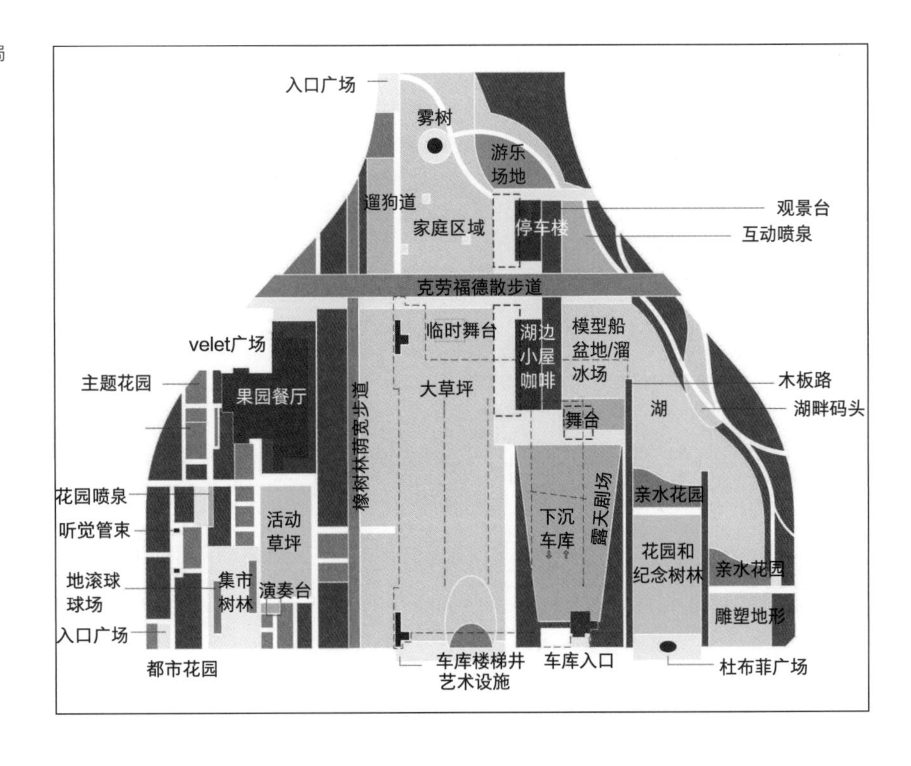

通过场地调查，琼斯意识到现有场地范围内沿原街道排布的一排槲树是一笔巨大财富。虽然现在这个街道已不复存在，但这些树形成了一条大体是南北向的林荫道。这个强烈的线性几何形态促使琼斯决定封闭垂直于槲树道路的克劳福德街道，从而形成两条以合适角度穿越公园场地的宽阔步行道。琼斯在考量了不同的可能性后，决定删减沿路的大多数功能元素，让克劳福德街道成为一条散步长廊。

这一举措为公园创造了一个清晰的空间规划，使游客总能清晰地识别自己的方位。此外，公园设计用一个约0.81公顷（2英亩）的广阔草坪回应欧康纳“又绿又好看”的要求。这是公园里面积最大的单个元素，经验证明其他能够提供类似开放空间的公园都能成功地把人吸引到了城市绿地空间中，就比如纽约中央公园里的大草坪，琼斯现在就住在纽约。

当琼斯将其他要素都置入场地后，这个规划就像一个嵌入各样构成要素的几何拼图。这种组织活动和空间的方式能够让游客在公园中轻松地穿梭，从游乐场地到遛狗道，再穿梭到水景区、花园和餐厅。停车场设置在地下，停车库入口上方的草坡被用于观看露天剧场表演。当地艺术家创作的交互式雕塑遍布公园，其中一件重要的作品来自法国艺术家简·杜布菲（Jean Dubuffet）。休斯敦拥有专门的博物馆区，它是艺术之都，也是花园之都。

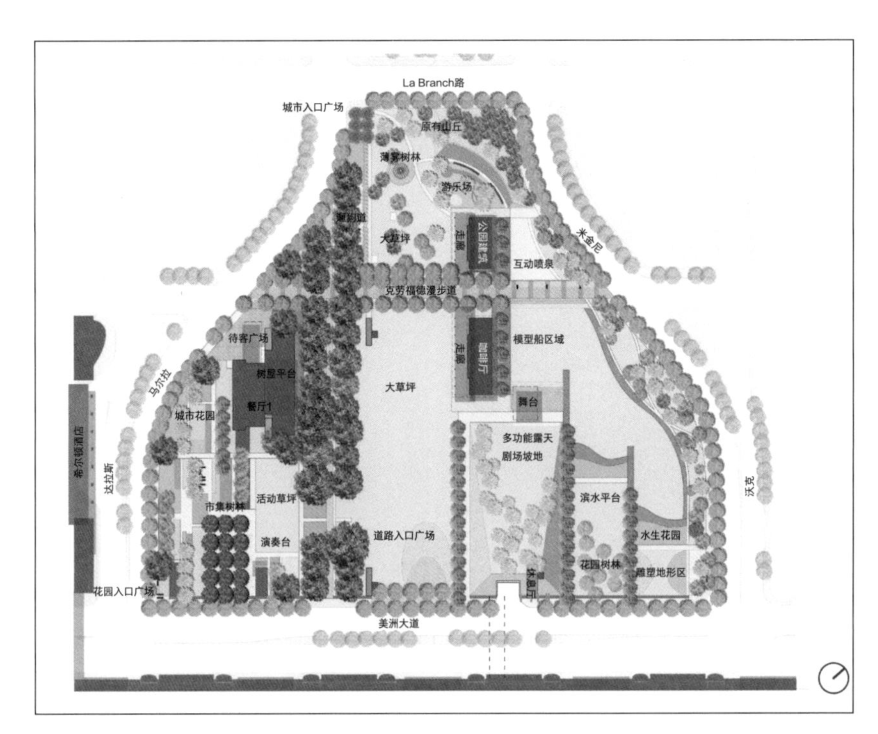

公园平面图上有一条原有的槲树小路，与它相邻的是约0.81公顷的草坪，以及琼斯尽力规划的多种要素

从公园长向的航拍图可以看到约0.81公顷的草坪毗邻槲树林荫道，车库入口位于倾斜的室外剧场下方，还能看到湖面和长长的木板栈道

上图：树林、花园、草坪和活动空间取代了原来的停车空间

右图：游客们漫步在槲树林荫道的阴凉里，这条宽阔的步行道原本是一条公路

为了让游客体验身处槲树枝杈的感觉，树屋被列入了原本的项目意向清单，但后来被取消了。琼斯建议将餐厅设计成两层，这样在二层平台就餐的人们就能有置身树上的感觉。近来，餐厅在旁边林荫道的阴凉处又增设了新的露天平台和可移动桌椅。就像琼斯说的，在如此潮湿的天气里每个人都希望待在阴凉里。为此，最终的种植设计里新增了许多树木。

引人入胜的林荫道下，种满了繁茂的地被植物

对页上图：在餐厅旁边的宽阔花园里，五颜六色的植物和公园其他区域的柔和颜色形成对比。背景是艺术家道格·霍利斯（Doug Hollis）的石灰岩听觉管

对页下图：从航拍图可以看到主题花园种植区的花圃呈直线布局

餐厅旁边是长方形的都市花园，花园分主题进行规划：有嗅觉花园、蝴蝶花园，还有乡土植物花园。这些花园不但五彩斑斓，而且颇具魅力，里面还能看到休斯敦经典的杜鹃花。

诸多设计元素中最让琼斯产生共鸣的是两条悬在湖上的长长的平行木栈道，这个湖为模型船而建，夏天可以划皮划艇，冬天可以滑冰。这些木栈道让琼斯想起童年时得克萨斯州维斯顿湾里延伸至远方的直码头，她和伙伴们在那里度过了许多个童年夏日。探索绿色公园延伸至水池里的木栈道不仅深受孩子们的喜好，而且还是拍摄婚礼的胜地。

探索绿色公园的木栈道让琼斯想到童年记忆里维斯顿湾长长的直码头

探索绿色公园里码头的灵感来源于维斯顿湾长长的直码头，当琼斯还是小女孩的时候，曾经见过这些直码头

为了维持休斯敦老街区的传统以及19世纪英格兰、美国城市公园的传统，探索绿色公园不仅有花卉和树木，而且还有活动空间。公园聘用了12名工作人员，几乎每天都会举办活动。这些活动包括一年一度的万圣节化妆舞会、星期六的瑜伽课、农夫市集、舞会、音乐演出，还有电影之夜。公园还经常举办家庭生日派对。冬天，公园的树上会挂上代表休斯敦市民面容的大型装饰物，象征这个公园是为愉悦市民而建。琼斯在“马克达树林”里种上高高的火炬松，用以回应马克达·布朗·欧康纳期盼这个公园既绿色又好看的要求。无论是在过去、现在还是未来，休斯敦“坚强的女性们”都有充分的理由为这个因玛丽·玛格丽特·琼斯的设计而改变的市中心公园感到骄傲。

休斯敦的夏天，孩子们在互动喷雾喷泉里消暑

因为举办活动，公园里总是人头攒动

米凯扬·基姆

MIKYOUNG KIM

皇冠天际花园
Crown Sky Garden
伊利诺伊州芝加哥
Chicago, Illinois
竣工于2012年
Completed in 2012

米凯扬·基姆在这个医院项目的视觉灵感来源于绸带，人们通常以佩戴绸带表达关怀和支持，将明亮的树脂用于弯曲的墙体则是受雕塑家伊娃·黑塞的启发。

俯视皇冠天空花园可以看到绸带般布局的曲面墙

CROWN SKY GARDEN

这是基姆为该项目所做的抽象拼贴图，基姆将它称为“草图”，代表了她对花园色彩的最初想法

对页上图：从基姆的皇冠天空花园的早期概念平面图中可以看到绸带母题流动贯穿整个空间

对页下图：孩子们在花园里奔跑。背景里能够看到由多种颜色弹珠所组成的泡泡状墙体

米凯扬·基姆说那些在芝加哥的安和罗伯特·H·卢里儿童医院（Ann and Robert H. Lurie Children's Hospital）使用皇冠天空花园的年幼病人需要接受很多治疗。他们当中有的人刚从大手术中恢复，可能还需要在医院待上很长一段时间。建造这个约460平方米（5000平方英尺）的围合屋顶花园就是为了给这些孩子、他们的家人和医院员工提供接触阳光和自然的机会。

绿洲不一定要在沙漠里，也不一定要在户外，皇冠天空花园不仅有水和植物等必需的绿洲元素，还能提供娱乐和庇护。这是一个既生机勃勃又平静的花园，是一个会根据病人和访客的移动而改变光线、颜色和声音的抽象景观。

基姆最初的启发来自于孩子们对花园的想象。她一边和这些年幼的病人交谈，一边在笔记本上用乐谱一样的示意图记录他们的想法。基姆说这些示意图将孩子们对屋顶花园的复杂渴望图示化。

基姆在这个项目的视觉灵感是从绸带开始的，因为她想到人们佩戴绸带以象征对有需要的人的支持。她找到一副彩色绸带互相交叠的图片，并把它挂在自己办公室的墙上。然后绘制了一张抽象的拼贴画以表达自己想象中的彩色方案。

起初基姆幻想用绸带般的流线形态贯穿整个直线型空间，绸带意向因此成为概念开端。后来，这些绸带转变成一系列曲线形的座椅，以此形成一些能够容纳小群体私密聚会的安静空间，同时也能保障孩子们可以自在地走动，这些需求都是交谈时孩子们亲自向她提出的。在建成的花园里，竹林被种在一些波浪状围墙的内部空间，并用声音、灯光和水等元素装饰。

米凯扬·基姆选择能够满足医院卫生要求的树脂作为花园围墙的材料。虽然曾在自己先前的景观作品中使用过树脂片，但她对树脂和其他液态材料的兴趣可以追溯到大学时期。那时她因为急性腱鞘炎过早地结束了自己的音乐会钢琴家生涯，之后开始关注雕塑，随后发现自己对像石膏、黏土这类的可塑材料表现出特殊兴趣。其中一件她的早期雕塑作品就是自己双手的浇铸手模。这个雕塑作品被镶嵌在墙上，伸手朝向对面墙上另一个优美的浇铸手模。尽管她能够将雕塑创作作为表达自我的替代方式，但这个作品流露出她对自己失去音乐演奏能力的哀伤。

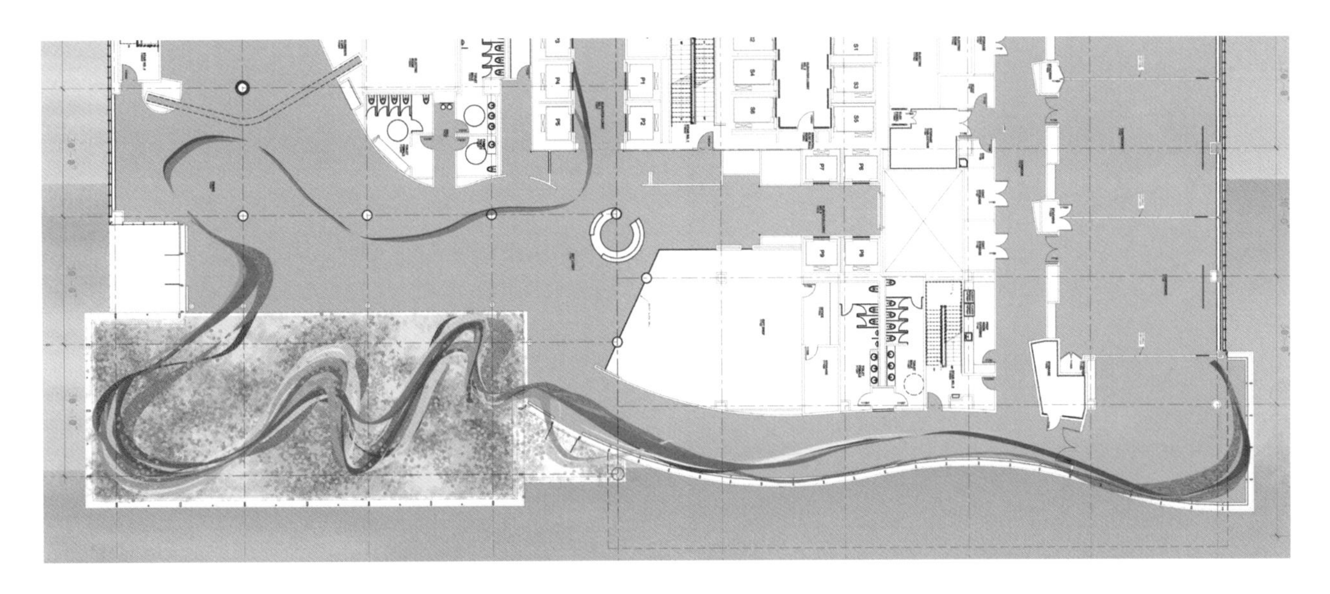

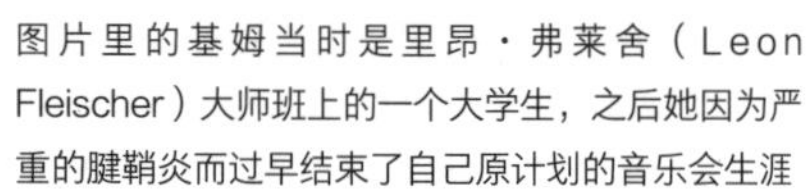

图片里的基姆当时是里昂·弗莱舍（Leon Fleischer）大师班上的一个大学生，之后她因为严重的腱鞘炎而过早结束了自己原计划的音乐会生涯

右上图：反映基姆因为失去钢琴演奏能力而痛苦的手模雕塑

伊娃·黑塞（Eva Hesse）是率先使用乳胶、玻璃纤维以及聚酯树脂等液态材料的一位艺术家，他影响了基姆的早期雕塑生涯。基姆在耶鲁大学艺术馆看到的一件黑塞的作品是她重要的灵感来源。“皇冠天空花园的树脂墙体采取了模块化的处理手段。它是分层的，我觉得墙体的发光区也受到了黑塞一些作品的启发。”

如果基姆先前的两个景观项目不能算是皇冠天空花园直接的灵感来源，那它们可以被视为皇冠天空花园的前身。2007年基姆用耐腐蚀的高强度科尔坦钢（Cor-Ten Steel）创作了一个栅栏，这是一户家庭的狗畜栏，同时也是一件让人联想到骨骼形状的有趣雕塑。这个作品穿梭在马萨诸塞州约1.215公顷（3英亩）的树林景观里，其灵感来源于橡树的树叶构造和埃蒂安-朱尔斯·玛瑞（Étienne-Jules Marey）的摄影作品。回想这个栅栏，它是一种既分开又相连的结构，基姆说：“如果我没有做这个项目，那么皇冠天空花园的形态很可能会是另一副模样吧。”

伊娃·黑塞的作品是基姆重要的灵感来源，比如这件1968年用玻璃纤维和聚酯树脂创作的《副本十九 Ⅲ》（Repetition Nineteen Ⅲ）。

另一个皇冠天空花园的前身是基姆最早的项目之一。在就读研究生期间，她就好奇雕塑性的围墙即便作为分隔物，是否还能通过某种方式连接人们并提供一种运用想象力进行游戏的可能，于是在康涅狄格州哈特福特市的一个校园里设计了一个多重曲面的围墙，在墙的不同高度上有不同形状的开口，鼓励人们进行自发的捉迷藏游戏。基姆认为时隔大概25年后完成的皇冠天空花园在哈特福特市的校园项目的基础上向前迈进了一步，这也是她第一次创作并非是障碍物或隔离物，而是游乐场所的墙。

基姆的作品“曲折栅栏（Flex　Fence）”蜿蜒穿过树林，它是皇冠天空花园弯曲树脂墙的前身

1998年基姆校园项目里的曲面墙既能激发即兴游戏，又创造出一些私密场所，它是皇冠天空花园的先例

人们在空间里的移动会触发树脂墙的灯光变化

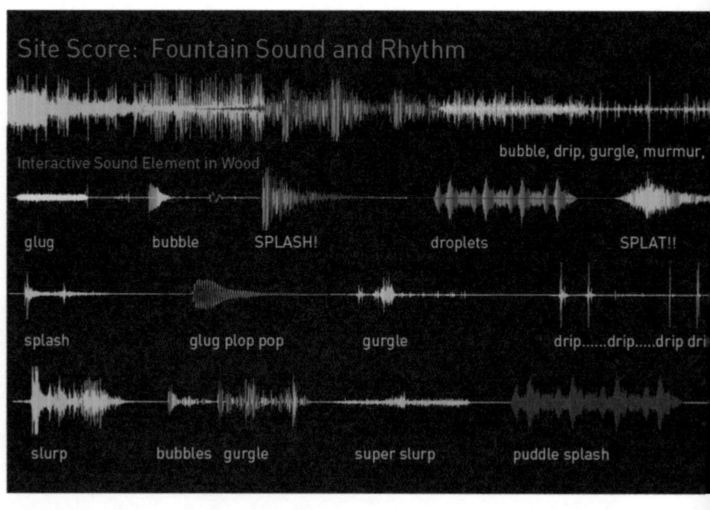

基姆在花园里使用的声谱包含水的主题

在芝加哥医院里，这些墙体是儿童的游乐场。基姆解释说这个花园还是某种乐器，当孩子们和它互动时就会演奏音乐。铜制手印吸引游客和病人把自己的手放上去，从而触发自然的声响，铜制手印是以先前病人的手掌为原型进行浇铸的。顶棚里的传感器还能对孩子们的移动速度做出反应，然后激活墙上的灯光。

基姆的浇铸铜手模让人联想到她大学时的雕塑作品，这个被嵌在原木中的浇铸手模确实将芝加哥的一部分融入了花园。设计团队原本期待能在暴风雨后得到一棵倒下的本地大树，并希望重新运用这棵大树，让它成为花园的一部分。在一位城市护林人的帮助下，设计团队幸运地得到了想要的树，这是1893年哥伦比亚博览会期间费雷德里克·劳·奥姆斯特德（Frederick Law Olmsted）在芝加哥种下的一棵魁伟的桑树。

桑树被切成大块的原木，然后在干燥炉里干燥了一年。经过基姆和手工工坊的共同努力，这些原木不仅能够与人进行声响互动，还能由内向外发光。这棵老树上原本有许多腐烂的地方，但是基姆并不打算清除它们。取而代之地，她提议用琥珀色树脂浇铸到腐烂的位置，代表某种变相的治愈，然后把发声的扩音器嵌入打洞的树脂里。“治愈的过程总是会留下伤疤。”基姆说，她希望向痊愈的过程致敬，而不是掩盖它。

是绿洲就得有水，但出于健康考虑和控制感染的需要，医院否决了基姆原先提议的开放式喷泉。也就是说花园里完全限制水的使用，后来基姆的解决方案来源于自家近在身边的东西：她儿子从世界各地收集而来的大量弹珠。基姆自己也喜欢和儿子一起玩弹珠，她同样被弹珠五花八门的颜色和图案所吸引。

将温暖的手放在嵌入座椅的手印上，就能触发座椅内部发出自然声响

这棵桑树被猛烈的暴风雨刮倒，收割回来的原木在干燥后经手工制成公园里能够发出声响的座椅

树脂让原木制成的座椅产生琥珀色的亮光，扬声器就嵌在琥珀里

基姆的儿子从小就喜欢弹珠，这些弹珠收藏品就是最好的证明，它们让基姆联想到可以将弹珠填充成泡泡状的围墙

夜晚的皇冠天空花园在芝加哥的城市景观里显得绚丽夺目

玻璃弹珠按照不同颜色进行组织，然后堆放到围墙里，墙里还安装了能让花园更具生气的喷水式饮水器。墙体还能为两个面积较大的静谧空间屏障声音。最妙的是，在基姆的想象里，应该由“最初的孩子们”将最后几颗弹珠放进围墙里，也就是那些最初替花园游说并与基姆分享自己想法的孩子们。尽管如今已不再是孩子，但他们还是回到皇冠天空花园帮助基姆将最后几颗弹珠放入泡泡状的围墙里。

花园被证明是有益于康复过程的场所，卢里儿童医院作为医院联盟的一员正在研究疗养花园如何能够缩短病人的康复时间。尽管这个花园或许真的具有治愈病人的功效，但是对于年幼病人和他们的家人来说，他们只是单纯地把这个围合的屋顶绿洲视为一个神奇的地方。

皮特·莱兹

PETER LATZ

北杜伊斯堡景观公园
Landscape Park Duisburg Nord
德国杜伊斯堡
Duisburg, Germany
开放于1994年
Opened in 1994

受德意志国王腓特烈一世巴尔巴罗萨（King Barbarossa）的传奇故事、希腊阿里阿德涅（Ariadne）和提秀斯（Theseus）的神话启发，皮特·莱兹保留了原工业场地上已有的混凝土碉堡和腐锈机械，它们既是过去的重要纪念物，同时也是为游客引路的醒目地标。

向下俯瞰原有的矿仓，现在已转变为颇有想象力的围墙花园，这是皮特·莱兹将德国杜伊斯堡的废弃工业场地重新设计成公园的典型例子

皮特·莱兹利用巴尔巴罗萨的传说为保留场地上的巨大工业遗迹辩护，他不希望移除这些工业遗迹再建造一个常规公园

一切的开始源于一场不寻常的设计竞赛，它将由铁质高炉、矿仓、矿渣堆和铁轨构成的不规则的北杜伊斯堡工业综合体转变为充满活力、受人欢迎的景观公园，这是不同设计机构一同合作的结果，这一点毋庸置疑。五个国际设计团队并不是待在各自的办公室里分别设计，而是在202.5公顷（500英亩）、满地废渣的场地上的一间巨大工作室里共同开展新公园的设计竞标。景观设计师皮特·莱兹回忆说，竞赛的组织者认为如果所有竞争者能够一起工作，大家的思路会变得更为敏锐。

竞赛过程不再有秘密。一年的时间里，设计师们的草图和平面图都是公开的，互相之间可以自由地交流各自的设计概念。然而，中期汇报的时候，皮特·莱兹并没有展示任何草图或平面图。他“只是讲故事”。他相信只有通过故事才能最好地传达自己的灵感来源，让其他人感悟自己对这个新公园的非凡想象力。

莱兹讲述了一个小男孩的故事，这个男孩和他的父亲正步行穿过1985年关闭的杜伊斯堡蒂森钢铁厂（Thyssen steelwork）里的巨大的复杂设施。他问曾是这个工厂工人的父亲，隼鹰是否还会在这些高炉的塔顶盘旋。父亲回答“当然”。

莱兹知道他的听众们会联想到巴尔巴罗萨的传奇故事，这位中世纪的德意志国王在1190年第三次十字军东征期间溺死于萨勒夫河（Saleph River）。传说里，巴尔巴罗萨作为一位具有神秘力量且颇具号召力的领袖并没有死，而是沉睡于巴伐利亚州屈夫霍伊瑟山脉（Kyffhauser hills）的洞窟里。当隼鹰不再盘旋于屈夫霍伊瑟山脉之上时，他就会醒来重振德意志曾经的辉煌。

大多数人觉得这些混凝土碉堡和腐锈机械是难看的东西，但莱兹的故事唤起人们的集体记忆，这成了保护这些“魔山”的一种借口。相比于抹除这些构筑物，莱兹更希望保留并利用它们创造一种能够让野生自然、人工自然和工业遗存相互促进的新景观。莱兹说其他的竞争者只是把高炉看作一种别具一格的形态，但他看到了这些构筑物的使用价值，他不只把它们视为过去的重要纪念物，还视为未来能够在公园里为游客引路的大型醒目地标。

“在场地上找到自己的路”，无论就字面意义还是象征意义而言，这都是一个让设计师和决定谁能赢得委托的评委们望而却步的挑战。为了强调这个问题，莱兹讲述了汉塞尔（Hansel）和格雷泰尔（Gretel）的故事。当然他其实知道这些有文化的听众肯定清楚这个故事的古老版本——阿里阿德涅的传说。在希腊神话里，克诺索斯迷宫是人身牛头的吃人怪物弥诺陶洛斯的领地，克里特国王弥诺斯之女阿里阿德涅负责看管这个错综复杂的迷宫。被这个恐怖生物看中的受害人会被带入这个不可能逃离的迷宫。然而，阿里阿德涅对即将祭献给弥诺陶洛斯的雅典人提秀斯一见钟情。为了救他，阿里阿德涅给提秀斯一个毛线球，让他进入迷宫后解开毛线球。提秀斯顺着解开的毛线找到了逃出迷宫的路。

虽然杜伊斯堡原本的场地就像一个令人费解的迷宫，但莱兹还是认为没有必要创建一个全新的流线布局，因为人们将会找到引路的线索。通过梳理道路系统、现存铁轨等元素，游客就能毫无顾虑地进入公园，因为他们知道自己总能找到路。从各方向都能看到的高耸的工业机械不仅成为引导地标，同时承载了这个地区在工业时代的历史和记忆。

因为皮特·莱兹的故事、他希望利用现有构筑物的概念以及这种方式能够显著地节约成本，“莱兹+合伙人事务所（Latz+Partner）”最终赢得这个设计竞赛。莱兹最重要的设计理念是回收利用场地里现有的大多数材料；不从场地运走任何材料。无法利用的重度污染的拆卸废料会被埋进矿仓，用混凝土封存后覆盖土壤。如今这些矿仓变成了一系列花园。

原先的矿仓实现了一种受人欢迎的全新利用形式——攀爬墙，这让一些人联想到高山上的景色

意大利卢卡大教堂迷宫上的拉丁碑文的意思是，“这是由克里特岛上的代达罗斯建造的迷宫；所有进入的人都会在此迷失，只有阿里阿德涅的毛线能救出提秀斯。”

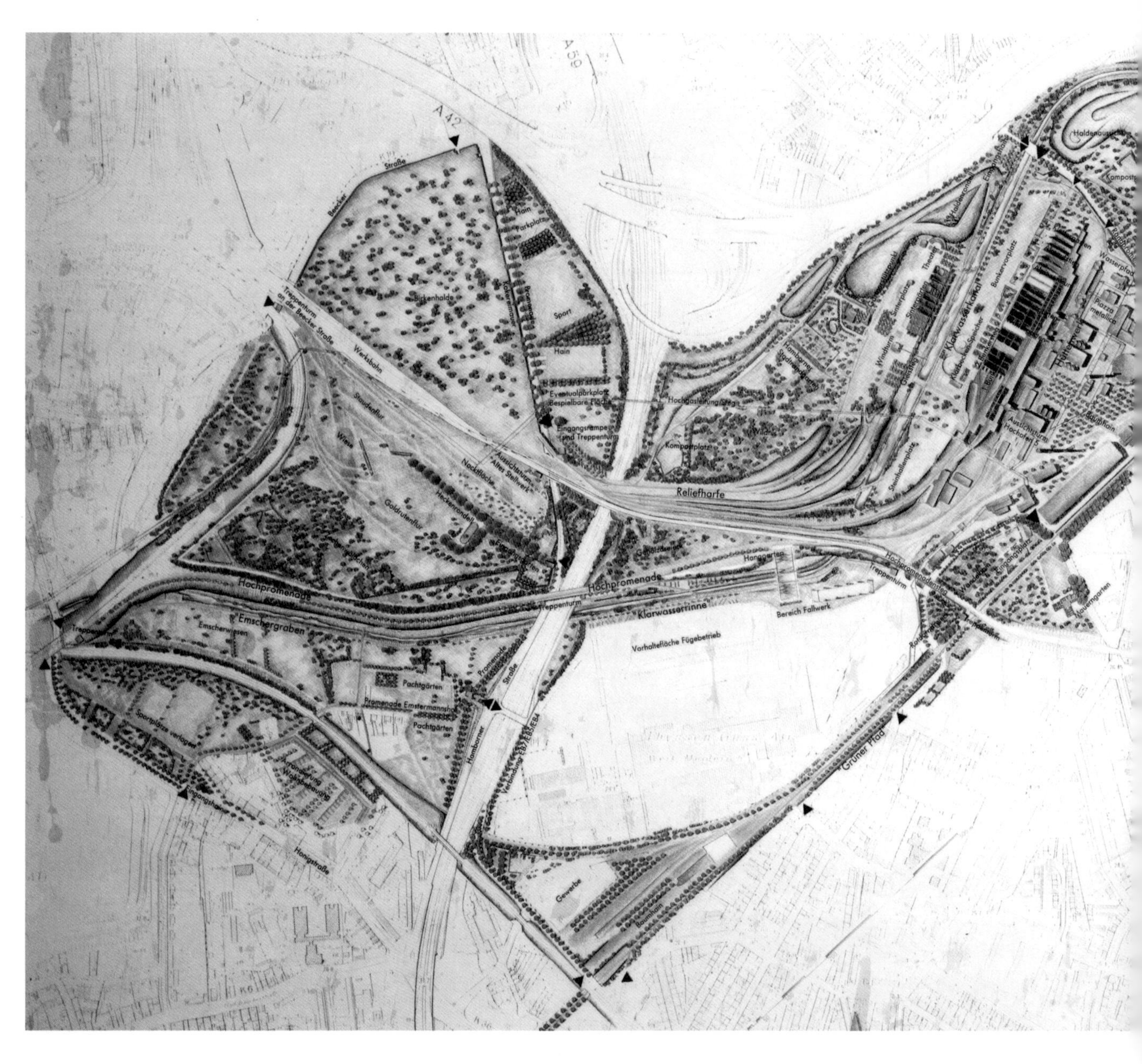

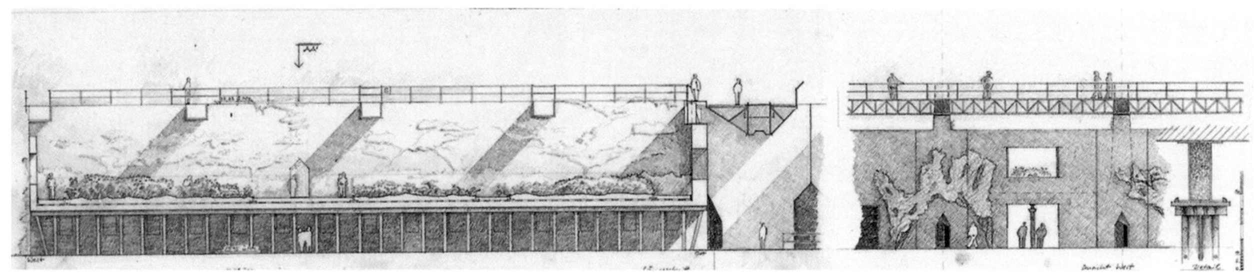

莱兹为矿仓花园画的设计图纸表现了从两个不同的水平面所能看到的花园。
这里的种植方案以蕨类植物和杜鹃花为主

为了区分于北杜伊斯堡原有的老工业构筑物，场地里的新元素被涂成蓝色。抬起的步行道利用回收的钢铁建造，可以俯瞰从下方进入的直线型构图的矿仓花园

在“莱兹+合伙人事务所”的北杜伊斯堡平面图中可以看出新栽的植物和老的建筑物都成了这个区域工业遗产的一部分

从这张鸟瞰图可以看出贯穿整个公园的老铁轨得到了保留。新栽的树使老工业景观里的开放空间变得柔和。画面上方的老发电厂现在用作展览大厅和活动场地

社区花园里摆放了许多采集自场地工业碎片的物品，对游客来说这些物品是耐人寻味的物件

对页上图：这个蕨类花园使用蔓生在老铁道上的桦树树枝制成，在莱兹看来，这是整个项目的缩影

对页下图：通过与当地社区合作，围栏区里的花圃总能保持繁茂的景象

非常规的回收利用过程为设计提供了许多灵感。举个例子，蕨类螺旋就是用原本蔓生在铁道上的桦树建造的。按莱兹的说法，蕨类植物展开的螺旋形态是一种代表生长的古老符号。尽管苔藓几乎模糊了原本的螺旋图案，但莱兹将它与日本的苔藓花园相提并论，附带一句，这些苔藓仅用了20年的时间就达到了这样茂密的状态。莱兹将这一切视为一种持续的蜕变过程，这个老矿仓里的僻静花园就是整个项目的缩影。

在离住宅街区不远的另一个公园区域，原先的发电厂工人和附近的居民用场地里回收的材料建造了一个围合花园。如今花园里树木生长茂盛，阴凉的环境让散步变得愉悦，花圃里长满公园园丁照料的多年生开花植物。园丁们不断在这些植物中间摆设从场地里找到的各种物品，比如螺丝钉、螺栓。

莱兹相信，如果他的规划能够创造出有趣的空间，人们自然而然会去使用这些空间。事实也是如此，新场地吸引了大约100个当地社团前来活动，他们自发参与并为公园提供了许多新想法。一个高山俱乐部提议在混凝土矿仓的高墙上进行攀岩。现在攀岩已经成为这里十分受欢迎的活动。潜水者努力地探索和清理那些旧水渠，这让莱兹的团队产生了一个设想：是否可以把原先用来贮气的巨大圆柱形储气罐改为潜水者的训练水池？于是储气罐被清理出来并装满了水。现在它已经被潜水者完全预定满了，而这仅仅是保持公园旺盛人气的众多活动中心之一。

用来存储高炉气体的储气罐建于1920年，旁边竖立着一片树林。这个储气罐已经成为欧洲最大的室内潜水区，佩戴水肺的潜水者可以探索安装在水槽底部的沉船和人工珊瑚

随着公园设计的不断深入，皮特·莱兹的个人经历和经验为北杜伊斯堡带来一些灵感。在他的童年记忆里，高炉会像烟火一样照亮天空，于是他将蒂森工厂遗弃的机械改造得像友善的龙，不再是一堆废铜烂铁。高炉附近的步行广场以讲究的网格种植樱桃树，这是他记忆中少年时曾种过的果树林。那时他卖水果贴补家庭开支，再后来把果园卖了支付自己的学费。矿仓里有一个出人意料地运用黄杨木波浪状纹理进行装饰的秘密花园，它的灵感来自皮特·莱兹和安内利泽·莱兹最喜欢的意大利维尼亚内洛别墅（the Villa di Vignanello）花园的花圃，也就是人们常说的鲁斯波利城堡（Castello Ruspoli）。

北杜伊斯堡里最成功的干预式设计是一条流穿公园、长约3.2公里（2英里）的水渠。这条排污渠道原本是条地下管道，现在的新水渠成了休闲娱乐的中心。场地里收集的雨水经过充氧系统后通过风力驱动的螺旋升水泵泵入高处的渠道。这些水源从矿仓花园开始逐渐向下流淌，最终流入这条干净的、可触碰的且吸引人的水渠中。

一条管道被改造成儿童的滑滑梯，这是创造性使用场地材料的众多例证之一

皮特·莱兹和安内利泽·莱兹最喜欢的花园是位于罗马北部的鲁斯波利城堡。这个500年历史的生机勃勃的花坛花园里有一个高墙露台，它是北杜伊斯堡其中一个矿仓花园的灵感来源

原本污染的水渠里灌入了循环使用的净化水

这个用作滞流池的沉淀槽是为新水渠提供干净水源的系统的一部分。游客们感觉这是一个有别于传统的水景观

生长在老铁轨上的低矮的夏季草场

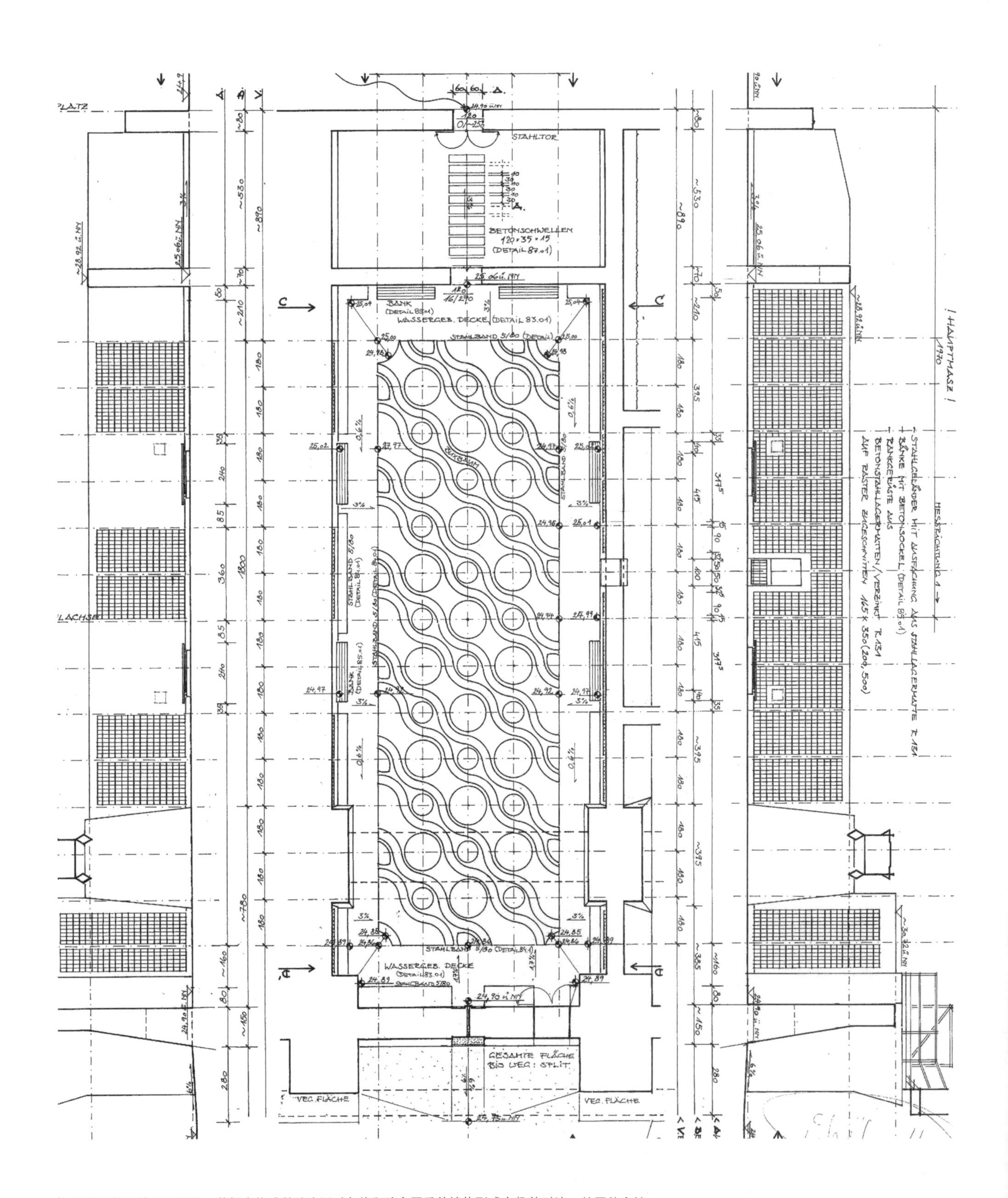

在绣球花花园的平面图里，黄杨木构成的波浪形对角线和矿仓厚重的墙体形成有趣的对比。外围的座椅吸引游客们在此停留

从蓝色步行桥上可以看到建在矿仓里的黄杨木和绣球花花园。矿仓花园的所有出入口都在低一层的平面上，花园的出入口是在2.4米（8英尺）厚的混凝土墙上用混凝土锯切割出来

金属广场的概念灵感来自莱兹家后花园小喷泉里冰块的冻结和融化

金属广场的核心元素是网格状的金属板，它们会随着时间锈化和侵蚀，是对失去和记忆的比喻

节日期间，作为公园核心的金属广场总是人头攒动

对页图：烟火让人想起这些高炉曾在夜晚喷出的火花

被皮特·莱兹称为公园核心的金属广场（Piazza Metallica）位于原先的三个锻造车间旁边，这里用来举办节日聚会和音乐会。生铁从高炉直接流入防火楼板的沙床上，然后在这些称为火焰大厅的锻造车间里被锻造成铁锭。金属广场因广场上的正方形金属板而得名，这些金属板原本是用来包裹铸模的，每块重达数吨。莱兹在废弃的锻造厂里发现了这些金属板，然后把它们按网格状摆放在一号锻造车间的开放广场上。这个灵感来自莱兹自家后院的方形小喷泉，冬天他在那里观察冰块的冻结和融化。同样的，他希望金属广场上的49块铁板会随时间侵蚀锈化，事实上这一过程已经开始。对于莱兹而言，这是对失去、死亡和记忆的隐喻，当然也包括这个场地的记忆。同时它也是提醒人们锻造坚硬钢铁所需的融化过程。莱兹认为金属广场和蕨类花园一样，象征着一种蜕变。

在莱兹以他的故事赢得该竞赛的20年后，北杜伊斯堡景观公园成为国际公认的、先锋的、充满想象力的景观设计作品。它让人们开始关注构筑物的循环利用，并且启发了世界上许多的其他项目。北杜伊斯堡公园是一个使用强度很大的公园，里面满是游客和当地居民。就如莱兹预想的那样，人们利用巨大的构筑物作为路标为自己指路。在举办电影节、舞蹈、舞台剧、音乐会以及摩托车赛等活动的同时，这个新的奇幻公园也有静谧的区域。在特定的时候，这里还会有烟火秀。

北杜伊斯堡公园还以另一种方式承载了莱兹的愿景。莱兹的另一个故事讲述的是一个可能曾在锻造车间工作过的老人如何带领一群孩子穿越公园，并向他们介绍这些老机器曾经是如何运作的。这才是启发皮特·莱兹最多的愿景。

枡野俊明

SHUNMYO MASUNO

寒川神社花园

Gardens at Samukawa Shrine

日本神奈川县

Kanagawa Prefecture, Japan

设计于2009年

Designed in 2009

作为佛教禅宗住持，枡野俊明的所有作品灵感来源于日本的传统精神和悠久的造园历史。

对页上图：寒川神社花园的入口景观表达对游客的欢迎，枡野俊明的设计反映出一种日式美感和古代日本的价值观

对页下图：佛教曹洞禅宗的重要寺庙——永平寺位于陡峭的山腰上，寺庙建筑群被上千年的雪松林环绕。永平寺是枡野俊明所属宗派的主寺院，因此他对这个寺院十分了解

枡野俊明的景观设计事务所位于日本横滨市的一个现代建筑里，该建筑坐落在一个枝叶繁茂的通往禅宗寺庙建功寺（Kenkoh-ji）的山坡上。枡野俊明不仅因现代景观设计而知名，同时他也是建功寺的住持。

品完几轮茶后，身穿僧袍的枡野俊明谈起他的设计哲学以及寒川神社的传统花园设计。他说神社（神道教）会邀请一位佛教禅宗僧人设计花园并不是什么稀奇的事情。他解释说，明治时期（1868～1912年）之前佛教寺庙和神社经常会共用空间，甚至共享一些功能。历经数个世纪，日本人最终将这些信仰相融合，虽然在明治时期这两种崇拜形式被官方地分离开，但两者仍然保持着紧密关系。

神道教是日本独有的灵修方式，神道教信仰神明（神道教的神），换而言之就是那些被认为是栖居在太阳、高山、河流、树木、石头、雷鸣等自然现象中的灵魂。这个信仰体系以及附属的自然崇拜依然是日本现代意识的一部分，如今绝大多数的日本人将佛教和神道教的礼仪相结合，定期参拜当地的神社，并且会在自己家里同时供奉一个简单的佛教祭坛和一个神道教祭坛。

寒川神社靠近神奈川县的相模川，是一个面积逾2.835公顷（7英亩）的神道教建筑群，据书面记录，这个神社早在9世纪就已经存在。现有的建筑群建于20世纪90年代后期，中间围绕着一个借鉴中国宫廷建筑布局的大型开放院落。这个建筑项目促成寒川神社住持向枡野俊明进行咨询，这个咨询后来变成了一个分两阶段实施的项目，第一阶段解决具体问题。

依照传统，寺庙和神社应该位于天然树林或山上。人们认为这样的地方是能让人们感觉安全且受保护的神圣区域，是理想的祈祷场所。枡野俊明以富井县壮观的禅宗寺庙、建功寺本山的永平寺为例进行说明：永平寺由多栋以屋顶通道相连的木构建筑组成，被约30米（100英尺）高的雪松林环绕在拾级而上的山腰上。

寒川神社原来的老主殿周围也有这样一片非常适宜的树林。然而作为新建项目一部分的新主殿坐落于更高的地方，从新主殿无法看到建筑下方那片传统且神圣的树林。枡野俊明有个大胆的建议：暂时移开原有的树林，然后堆起一座小山连接新主殿后方的地基，再把树林栽回小山上。结果这个约7.5米（25英尺）高的林荫山坡上的神木虽然是新栽的，但看上去像原本就有的。

枡野俊明在林荫山坡的底部建造了挡土墙，用来稳固陡峭的山体。他在挡土墙对着神龛中心线的位置上设计了一个豁口，不仅能让人们看到主殿的后面，同时还是一个祈祷场所。像如往常一样，枡野俊明认真查看每一块石头，从中挑出特别好看的一块，然后将它立起来作为祈祷石。

挡土墙边的静谧小路引导人们穿过带顶的门口进入宽阔的花园，这个花园是枡野俊明在寒川神社第二阶段的工作。聘请枡野俊明的神道教住持想要“一个能够反映日本真正审美观和真正价值观的花园”，这个要求成为枡野俊明的工作准绳。事实上，日本的传统思想和悠久的造园传统正是枡野俊明所有作品的灵感来源，即便是他最为著名的现代园林设计——东京东急蓝塔酒店（Cerulean Tower Tokyu Hotel）也同样如此。

寒川神社的这座新花园被称为“Shinen（神苑）”，也就是神明的花园。但是，对于枡野俊明来说这是一个充满禅宗意味的花园。它包含了佛教寺庙和日本贵族宅院传统游园的大部分元素。这些元素作为日本文化遗产体系中不可或缺的一部分传承了数百年，它们不仅是枡野俊明与生俱来的一部分，同时也是他所受的风景园林教育。

枡野俊明不仅是一名景观设计师，还是一座佛教禅宗寺庙的住持

神社后方新堆的约7.5米（25英尺）高的山坡的挡土墙提供了一个膜拜场所，枡野俊明选取的巨大祈祷石成为这个场所的标识

在枡野俊明给寒川神社的新花园设计图里可以看到优雅蜿蜒的小路通向人工水池旁的大型现代茶室，从茶室可以欣赏到花园里的多层跌水。规划图中还显示了神社的新主殿（左下方）和博物馆建筑（右下方）

在花园小茶室的入口处，人们的脚步因踏石小路而放缓

包括这座石桥在内，园林里所有的石头都由枡野俊明亲自挑选和摆放

枡野俊明将这个复杂的台阶式跌水设计在大茶室的视野范围内。跌水的后方是一座土桥

在平安时代（794～1185年），日本不再只是输入中国文化，而是以日本自己特有的方式促成建筑、绘画、诗歌等艺术的兴盛。日本现存最古老的园艺著作写于11世纪，书名为《庭记》（Sekuteiki）。这本专著开篇将园林创作定义为“规矩地排布石头的行为”，因为人们相信这些特定的石头会通向神明。从此以后日本的园林设计就等同于置石。对于枡野俊明而言，石头是他作品的标志元素，他会十分谨慎地挑选和摆放石头。

石头的重要性在寒川神社得到充分体现，水池边缘仔细叠放的石头、通向传统小茶室的道路、水池上的精美石头桥、三个跌水里精彩的置石以及如鲤鱼般从瀑布里耸立的石头都是很好的例证。瀑布里耸立的石头象征着勇气和力量，让人联想到与日本儿童节相关的一个故事：鲤鱼逆流而上、跃过猛烈的瀑布化身为龙的传说。这是花园里唯一的兴奋点，除此之外，整个园林都在营造一种平静的氛围。

这块挺立在“龙门瀑布”前的石头象征鲤鱼逆流而上、跃过瀑布化身为龙的传说。在五月儿童节，日本随处可见鲤鱼形象的彩色旗帜

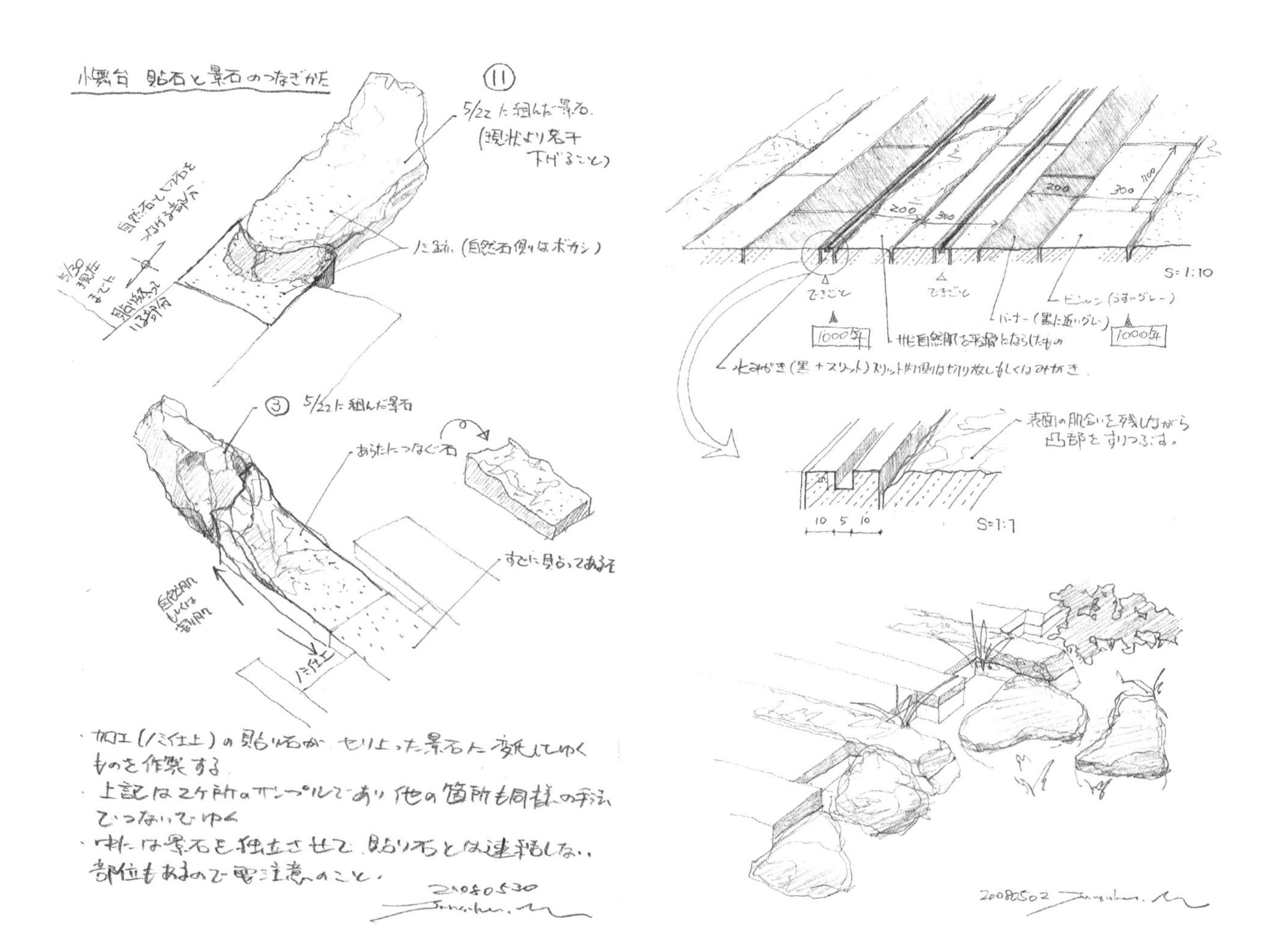

枡野俊明的草图体现了他作品中的石头工艺

艺术家乔・麦考利夫（Joe McAuliffe）的画作《鲤鱼跃龙门》唤起日本文化记忆中流传至今的古老传说。麦考利夫的作品里运用了日本的鱼拓技术，也就是使用真的鱼来印制画作

这幅画像描绘的梦窗疏石是一名禅宗大师、园艺师、书法家以及诗人，他设计了著名的西芳寺花园，现在被人们称为苔寺

对页上图：图片展示了枡野俊明带有拱形桥体与苔藓侧沿的土桥，这个设计借鉴了著名的桂离宫皇家别墅花园中的一个景点

对页下图：小型枯山水园位于博物馆入口处的玻璃后方，优雅又沉静

《庭记》里的箴言流传数百年之久。其中第二箴言要求“创作一个花园时，要用过往优秀园艺师的杰出作品来引导你。”对枡野俊明来说，有两位大师对他影响深刻：梦窗疏石（Muso Soseki）和斋藤胜雄（Katsuo Saito）。

出生于13世纪的佛教禅宗僧人梦窗疏石是一名书法家、诗人、政治外交家，同时也是园艺师。建于8世纪的西芳寺（Saiho-ji）花园年久失修，梦窗疏石因1339年重新设计该花园而知名。西芳寺又被称为苔寺，尽管自梦窗疏石之后西芳寺著名的匍匐苔藓历经了数百年，但至今仍是日本最受人尊敬和参观人数最多的花园之一。

从很多角度而言，如今我们能看到的由水池、石桥、树林和茶室构成的西芳寺是枡野俊明设计寒川神社花园的模板，尽管相对而言神社花园的规模要小很多，层次变化更少。西芳寺和寒川神社都是受禅宗影响的漫游庭园，人们沿着围绕中央水池的小路从不同视角观赏水池和花园，随之展开冥思之旅。西芳寺几乎都是保持着一种静谧的氛围。即便是花园里充满游人的时候，也只能听到飞鸟和园丁耙理苔藓地面的声音。

另一方面，枡野俊明似乎也参考了京都桂离宫的花园，这是一个17世纪的皇家漫游庭院，人们绕着水池散步时会频繁地驻足欣赏景色。枡野俊明借鉴了桂离宫将拱形桥与苔藓侧沿相结合的做法。

寒川神社里还有一个传统的禅宗枯山水园，这个园林体现了枡野俊明在日本古代置石艺术上的造诣。透过博物馆建筑隧道状入口尽端的玻璃窗能够看到这个露天开敞的小园林，日光下的它有一种不可思议的效果。低矮的玻璃窗迫使人们必须屈身或跪下才能领悟这个由两块水平卧石和一片砾石构成的优美而简洁的组合。

枡野俊明设计的大茶室能够容纳聚会。沿着步道排列的波浪状石头与他在东急蓝塔酒店现代风格花园里使用的形式十分相似。该酒店位于东京市中心

对页上图：正如枡野俊明通常的做法一样，从东京东急蓝塔酒店的大厅就能观赏到他设计的园林。他的意图是在繁忙的城市之中让访客们停下来，使人们思考并获得平静

对页下图：东京东急蓝塔酒店花园里引人注目的弯曲的砌石工程象征涌向岸边的波浪，它与枡野俊明在寒川神社大茶室旁的石头运用方式相呼应

枡野俊明借鉴的第二位大师是斋藤胜男，大学毕业后枡野俊明曾在他那当学徒。斋藤胜男在日本国内外设计了超过400座花园。1964年斋藤胜男完成著作《树木与石头的魔法：日本造园的秘密》，书名暗示了他曾教给枡野俊明的东西。枡野俊明正是从斋藤胜男那里得到了许多关于摆设树木与石头的知识。但枡野俊明也坦言，他是后来在寺院接受成为僧侣的艰苦训练时，才真正理解和扩展了这部分知识。也正是因为这部分知识，他才找到自己创作园林的新方式。枡野俊明继续说到，在接受了僧侣训练后他不再思考什么是“吸引人的”或思考创作一个属于他个人的园林。“我变了，”他说，“禅宗最重要的是从自身的意识里认识和找到自己。那些最重要的事情并不存在于我们身外。反过来，我们需要从自己的内心寻找它们。对我而言最重要的是懂得如何让自己的内心平静。当我作为禅宗僧人进行园林设计时，我考虑的是如何用自己的内心去迎接他人。”

枡野俊明的所有项目都从思考空间和如何迎接他人开始，之后再考虑最适合这个空间的氛围。“然后形态就随之清晰了，”他说。

对于寒川神社的花园，他的目标是“使人感到平静，精神上十分平静，并且让人想要在这里停留一段时间——只是坐着放空思绪。”他设计的大茶室就起到了很好的效果，即使游客们在此说话，也都是平静的语气。

虽然东京东急蓝塔酒店花园采用了一种现代的曲线型石头台地设计，甚至其中的一些台地被画上了图案，但枡野俊明的目标依然是希望人们慢下来。他说“现在年轻人太匆忙，他们总是想着生意、生意、生意。我希望创造一个场所让他们能边看着园林，边思考自身，然后保持平静。”。枡野俊明的园林总是遵从庭记里一条重要的法则，“创造一种微妙的氛围，不断映射出人们对原生自然的回忆”。

西涅·尼尔森

SIGNE NIELSEN

富尔顿码头
Fulton Landing
纽约布鲁克林区
Brooklyn, New York
竣工于1997年
Completed in 1997

西涅·尼尔森居所附近的布鲁克林大桥、特拉华土著部落的装饰性图案和沃尔特·怀特曼（Walt Whitman）的诗歌《横过布鲁克林渡口》，共同激发了西涅·尼尔森的创作灵感。

图为富尔顿码头北侧的景色和高架在空中的布鲁克林大桥，可以看出尼尔森设计的栏杆上的拉索是如何对桥进行模仿的。图上还可以看到栏杆上源于美国土著的图案，以及尼尔森用作长凳的系缆桩

SWEENEY MFG. CO.

布鲁克林大桥是西涅·尼尔森主要的创作灵感。当尼尔森站在被烧毁的码头废墟上，思考自己究竟要如何处理这片看似毫无希望的场地时，她不经意间抬头看到布鲁克林大桥，心想“这是个不错的想法”。远眺着河对岸曼哈顿的天际线，她不禁问自己，怎样的设计才有资格矗立于这片景色之前，并能够日渐融入其中呢？正是在那一刻，一个想法在她的脑海中逐渐清晰：用栏杆上的拉索图样向布鲁克林大桥致敬。

作为一个土生土长的纽约人，西涅·尼尔森曾学习过古典芭蕾舞并得到过乔治·巴兰钦（George Balanchine）的指导，此后进入曼彻斯特北安普顿的史密斯学院（Smith College）求学，在那里的主修方向是城市规划。史密斯学院的新英格兰校区是费雷德里克·劳·奥姆斯特德（Frederick Law Olmsted）19世纪的一个设计作品，奥姆斯特德将其设计成植物园，正是这个校园给西涅·尼尔森留下了深刻的印象，并让她产生了成为景观设计师的念头。迄今为止， 尼尔森已经完成了400多个设计项目，其中绝大多数位于纽约，她的公司曾为剧院、博物馆、图书馆、植物园、法院、纪念馆和32公里（20英里）长的公共滨水空间设计过景观。在这些项目中，富尔顿码头这个多年前完工的小项目是尼尔森完全遵循灵感设计的，这个项目因带给她的满足感而显得尤为特别。可以说，尼尔森对富尔顿码头项目充满热情，每每提及总是兴致昂扬。

这片场地和当时其他面朝纽约港（New York Harbor）的大多数区域一样，有个废弃的码头，现在则成了浮动音乐厅（Bargemusic）的码头，这是一个在经过改造的咖啡色驳船中举办古典音乐会的集会场所。虽然码头已经废弃，但码头附近有一些热闹的景点和著名的餐厅，足以将人们吸引到这个老旧的街区来。比如附近的老富尔顿街28号（28 Old Fulton Street）是一座标志性建筑，它是至今已有100多年历史的《布鲁克林鹰报》（Brooklyn Eagle）的诞生地，沃尔特·怀特曼曾在该报社担任编辑。

在这样的城市环境中，西涅·尼尔森的任务是将这片场地重新定义成一个同时具有码头和聚会功能的场所。在工作室中，尼尔森用黄色的拷贝纸为这个项目绘制了几张概念图，虽然这些概念充满了想象力，但它们都是错误的。尼尔森悲伤地回忆起当时她犯了一个学生常会犯的典型错误：在一个面积有限的小区域内放入了过多的想法。当拿着草图走到场地上，她马上发现了自己所犯的错误并意识到必须精简方案。

尼尔森明白这个地方并不需要过多的设计，只需要对已有事物更好的理解和欣赏，包括气场宏大的高架在空中的布鲁克林桥、东河（East River）彼岸拥有绝美风景的曼哈顿，以及长期停满各种船只的东河本身，东河中的船只种类包括拖轮、驳船、帆船、游艇、水上出租车，以及著名的自1945年开始环绕曼哈顿航行的岸线巡航船。

当尼尔森抬头看着布鲁克林桥时，她意识到两件事：她可以将布鲁克林桥的部分元素作为自己重要的灵感来源；除了已有的设计概念之外，她还需要更多的东西完善这个场地。尼尔森希望场地向参观者展示的东西会吸引参观者一次又一次地回到这里，她认为这种“展示品”就是这片场地本身的历史感。这片场地曾是一个印第安部落的居所，之后被荷兰殖民者占领，此后又被英国人接管。一直以来，这都是一个繁华的码头，并且是美国独立战争中一场重要战役的发生地。这个码头提供的往返曼哈顿的轮渡业务开通于1640年，这在沃尔特·怀特曼的诗歌中有所体现。之后，19世纪革命性新技术的出现为建造布鲁克林桥提供了技术支持。

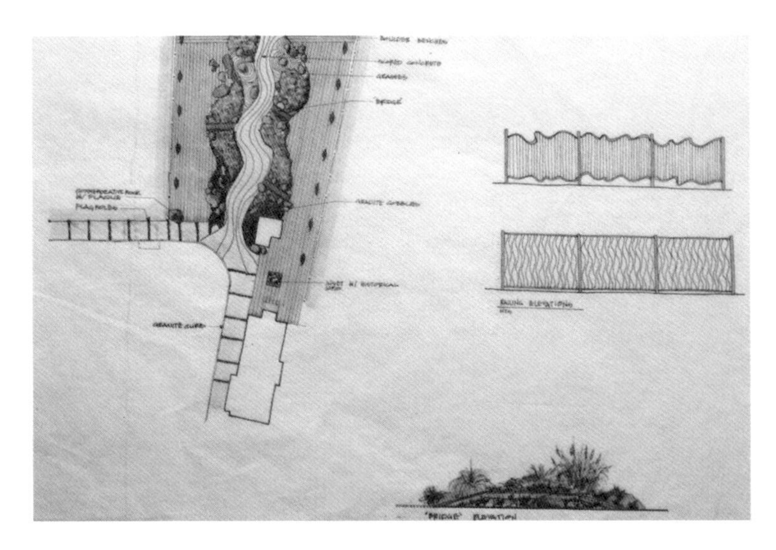

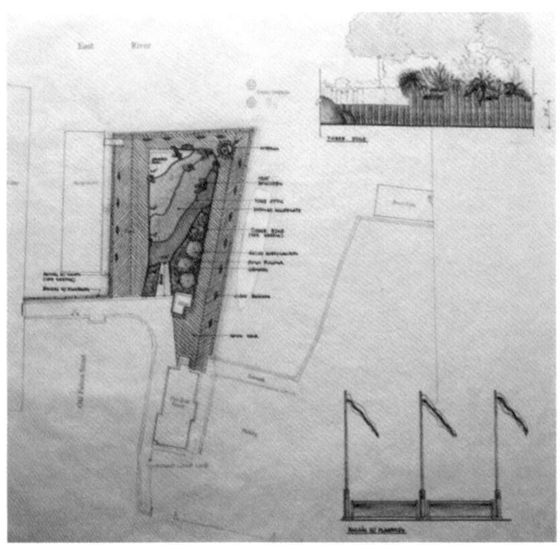

在尼尔森决定她的项目不能引入与布鲁克林桥和场地的历史性相冲突的形式前，绘制了一些草图

从富尔顿码头看到的布鲁克林桥激发了尼尔森的创作灵感

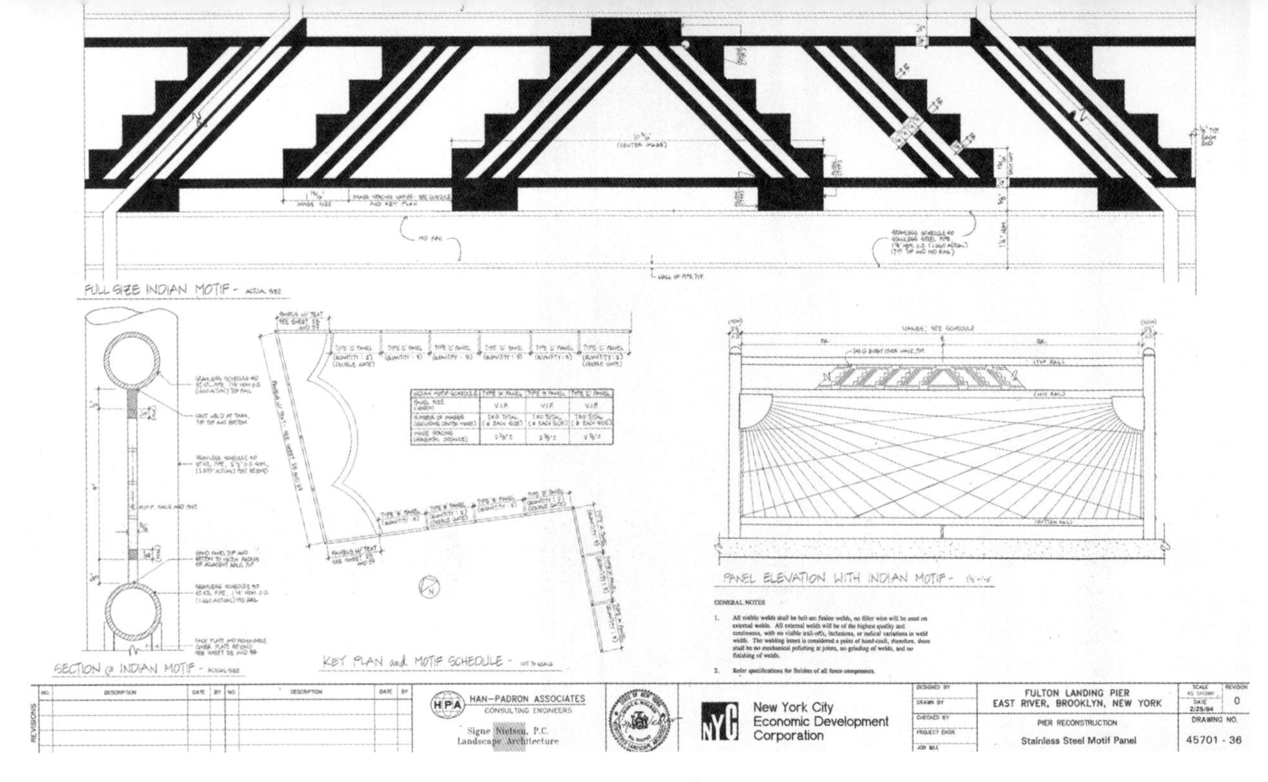

尼尔森对多个博物馆中的藏品进行了研究，包括位于华盛顿特区的美国印第安人国家博物馆，她在栏杆上设计的图案，就是以博物馆藏品中发现的图案为基础的

尼尔森想把所有这些元素融入富尔顿码头的设计中，从而为人们创造一个有吸引力的、可以享受滨水空间的场所。她试图从纽约开始了解这片场地的历史，在参观布鲁克林历史学会（Brooklyn Historical Society）、纽约公共图书馆（New York Public Library）和曼哈顿下城的美国印第安人国家博物馆后，她最后把目光投向了华盛顿特区的美国印第安人国家博物馆。

在成为欧洲人殖民地之前的几千年里，这个区域曾是德拉瓦族（Lenape tribe）在中大西洋沿岸的家乡，又称内达华印第安人，他们一同居住，共有土地，用石头、骨头和木头制作独木舟和工具，用鹿皮制作衣物，还会制作篮子和陶器。18世纪，欧洲殖民地的扩张迫使绝大多数的德拉瓦人离开家乡。

为了留住这些曾在这片土地上生活过的人的痕迹，尼尔森把印第安人的图案作为设计元素，把他们传统的装饰性图案融入她所设计的栏杆中。此外，她设计了几块展览板向参观者展示历史上印第安人在该区域的居所。

在一块尼尔森设计的富尔顿码头历史展览板中，标出了印第安人在该区域的居所并画出了当时通往东河的道路，也就是现在的布鲁克林富尔顿街（Brooklyn’s Fulton Street）。一个直到17世纪还在使用“本地交汇点”，也在富尔顿码头现在的位置中有所体现。

对页图：栏杆上的图案是从曾居住在这里的印第安人的设计中提取出来的

这块尼尔森设计的历史展览板是纪念科内利斯·德克森（Cornelis Dircksen），在1640年船只仍由桨手划行时，他是第一个掌舵手

1767年的一幅地图展示了现在曼哈顿（位于顶部）和布鲁克林（位于底部）曾被东河所分隔。图上标明了在布鲁克林桥建成前的一个多世纪，布鲁克兰码头（Brookland Ferry）的位置

场地本身是位于老富尔顿街尽头的一个码头，它是布鲁克林历史最久远的地方之一。码头的轮渡业务始于1640年，船只穿越东河巨大的风浪连接起了布鲁克林和曼哈顿（当时被称为新阿姆斯特丹）。在当时，乘客可能需要等好几天才能等来一个晴朗的天气可以渡过东河。

在最初的渡口区域发展起来的是一个名叫“谢韦尔（het Veer）”或“码头（the ferry）”的荷兰村庄，后来在1646年被一个叫布根市（Breuckelen）的村庄合并，这个村庄的名字源于荷兰的一座城市。20年后，这个村庄被英国统治并成为纽约的一部分。公园中的好几块展览板展示了那个年代的地图。

到了18世纪70年代，这个地方成了一个繁华的市集，有屠宰场、啤酒厂、商店、旅馆和酒馆。1776年8月，布鲁克林会战在这里打响，布鲁克林会战是美国独立战争中美国宣布独立后的第一场会战。英军迫使乔治·华盛顿率领的大陆军从现在的美国展望公园（Prospect Park）和布鲁克林高地（Brooklyn Heights）撤离，当华盛顿意识到自己率领的军队可能会全军覆没时，他带领军队在一夜间横渡东河以保存战斗力。这次战术撤退被认为是华盛顿最明智的决定之一。尼尔森将该事件刻在富尔顿码头的一处标记上以示纪念。

止于富尔顿码头的老富尔顿街是为纪念罗伯特·富尔顿（Robert Fulton）而以他的名字命名的。罗伯特·富尔顿发明了美国第一艘成功经营的商业轮船。1814年起，他的富尔顿船运公司革命性地改变了人们的出行方式，一直到1924年，乘客都是乘坐轮船穿行于东河之上。这条航线的历史也成为了尼尔森设计的一部分，她设计的铜制展览板中有一块是对当时4美分船票的复刻。

这块圆形展览板上展示了1767年地图的一处细节

某个版本的《草叶集（Leaves of Grass）》中以沃尔特·怀特曼作为前插页图片。他写下的有关富尔顿码头的诗句是尼尔森设计的重要组成部分

沃尔特·怀特曼体验过轮渡业务，并由此产生灵感写下了诗篇《横过布鲁克林渡口》，该诗被收录在《草叶集》中。沃尔特·怀特曼在诗中所描绘的，正是某天下午他本人乘坐蒸汽轮船从曼哈顿返回布鲁克林居所的经历。诗中写道“成百上千人搭渡船过河回家，给我的感觉比你们想象的还要新奇，将在今后岁月里不断穿梭于口岸的你，对我而言更是新奇，比你们想象的更多地进入我的冥想。”

在对“今后岁月”中的轮渡想象里，怀特曼认为轮渡将是一种乘客共有的经历，它体现了生命的连续性以及岁月长河中芸芸众生的关联性。在这一点上，这首诗引起了尼尔森的共鸣，她对这片场地和她所做的设计的定位也是如此，她非常关注自己的设计是否能够经受住时间的考验，而不仅仅是“当下的设计”。

在码头的铁栏杆上，尼尔森刻下了怀特曼诗篇中的名句：

奔腾吧，大河！和涨潮一起汹涌，和落潮一起退下！

嬉戏吧，高潮迭起的扇形的波浪！

日落时灿烂的云霞！用你的光华沐浴我，沐浴我身后世世代代的男男女女！

从口岸渡到口岸，数不清的乘客的洪流！

站起来，曼哈顿的高大桅杆！站起来，布鲁克林的美丽山峦！

开动吧，困惑好奇的大脑！提出问题和答案！

对页上图：这张未标明日期的照片展示了在东河上航行的富尔顿轮船

对页下图：尼尔森将怀特曼《横渡布鲁克林渡口》中的这一章节概括为：“站起来，曼哈顿的高大桅杆！”

STAND UP,
TALL MAS

尼尔森设计的栅栏融合了布鲁克林桥拉索处的拱形环

是这个优美的拉索图案的灵感来源于布鲁克林桥

1883年布鲁克林桥的开通导致轮渡业务逐渐减少，并最终在1942年结束运营。但在2001年“9·11”恐怖袭击后，富尔顿区域的轮渡业务恢复并一直运营至今，轮渡的码头位于布鲁克林桥公园附近。

12月份的一天，许多人排着队准备渡河，还有一些人在河岸边感受着恢复生气的布鲁克林轮渡街区。曾想象着轮渡业务可以在“今后岁月”中惠及“我身后世世代代的男男女女”的怀特曼，想来定然很是欣慰。

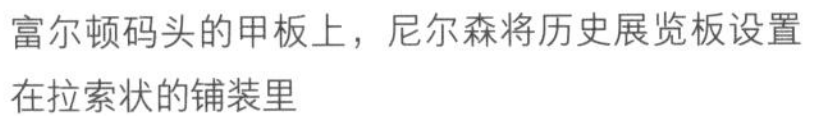

富尔顿码头的甲板上，尼尔森将历史展览板设置在拉索状的铺装里

尼尔森绘制的轴侧图展示了最终的设计

富尔顿码头是倍受欢迎的眺望曼哈顿落日和东河的场所

为了向备受推崇的布鲁克林桥的拉索致敬，尼尔森设计了这个拉索系统，这张照片展示了该系统的内部结构

科妮莉亚·哈恩·奥伯兰德

CORNELIA HAHN OBERLANDER

范杜森植物园游客中心
Vandusen Botanical Garden Visitor Centre
加拿大温哥华
Vancouver, Canada
竣工于2011年
Completed in 2011

卡尔·布洛斯菲尔德（Karl Blossfeldt）早期拍摄的一张微微起伏的兰花叶片照片，激发了科妮莉亚·奥伯兰德的创作灵感：她将范杜森植物园游客中心设计成绿色屋顶。在种植设计中，奥伯兰德只选取了18世纪博物学家阿奇博尔德·孟席斯（Archibald Menzies）所记录的本地物种。

从这个角度看范杜森植物园游客中心，可以看到构成屋顶的植物一直延伸到地面

科妮莉亚・奥伯兰德坐在她所收藏的书堆中，《自然界的艺术形态》（Art Forms in Nature）是她的最爱。

科妮莉亚・奥伯兰德从自家图书馆的史籍的图片和故事中，为技术先进的温哥华植物园游客中心找到了创作灵感。《植物字母表》（The Alphabet of Plants）中卡尔・布洛斯菲尔德拍摄的震撼人心的照片、19世纪和20世纪早期的影像资料，都为建筑形式提供了灵感。《孟席斯先生的花园遗产：西北海岸的植物收藏》（Mr. Menzies' garden legacy: plant collecting on the northwest coast）讲述了18世纪的航海旅行，为奥伯兰德的植物配置提供了灵感。

THE RISE OF LIVING ARCHITECTURE
22 GILLES CLEMENT • NOVE GIARDINI PLANETARI
Gustav Mahler in Vienna
RIZZOLI
AFTER MIDNIGHT
THE SYNAGOGUE
THE ART OF PASSOVER
KUWABARA PAYNE
BLODGETT
Kenojuak
Canada's National Parks | Les parcs nationaux du Canada
GREEN DESIGN FROM THEORY TO PRACTICE
ARTIFICE
JAMES FRAZER STIRLING NOTES FROM THE ARCHIVE
The Illustrated Olive Farm CAROL DRINKWATER
THE GREATER PERFECTION
bauhaus

屋顶的植物种植设计将奥伯兰德的兰花叶片概念表现得淋漓尽致

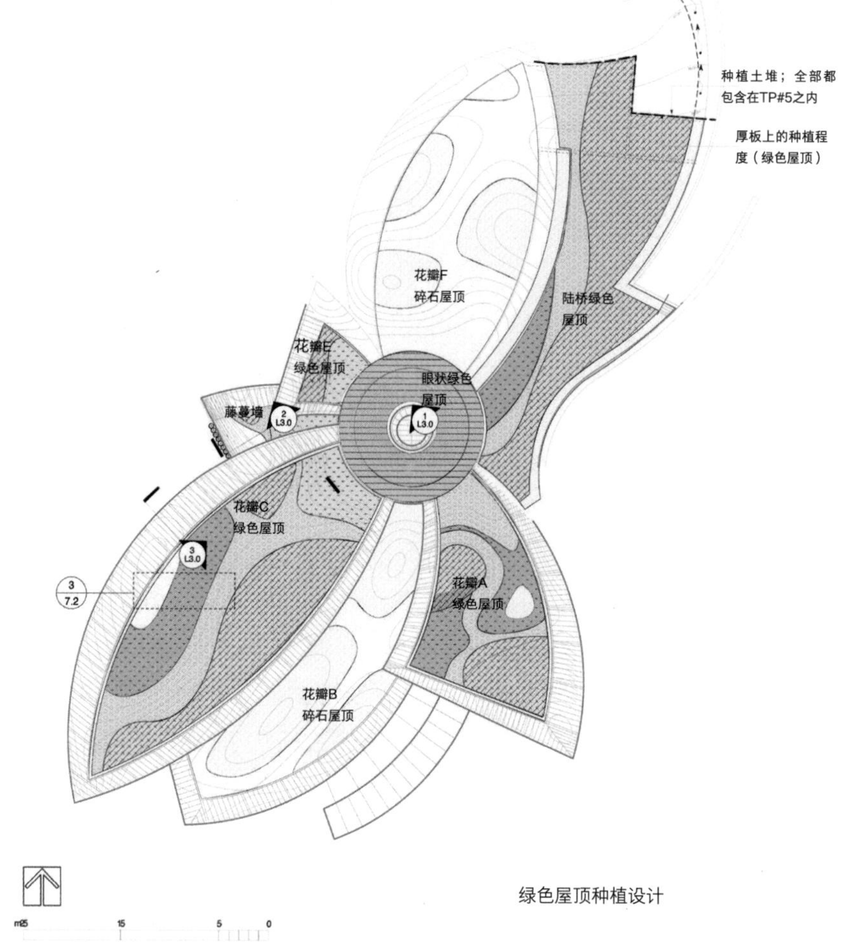

绿色屋顶种植设计

在不列颠哥伦比亚省温哥华的一个高尔夫球场原址上建造的范杜森植物园游客中心，从1975年起开园迎客。在社区和当地一名木材业巨头W·J·范杜森（W.J. VanDusen）成立的慈善组织的努力下，不列颠哥伦比亚省温哥华的一个高尔夫球场原址没有被高密度的房地产开发所侵占，而是建造了范杜森植物园。植物园占地22.275公顷（55英亩），园中种植了大量来自世界各地、并且能够在温哥华温和多雨的气候中茂盛生长的植物，植物园也因此成为当地的一个热门景点。

截至2005年，植物园中的植物和相应的教育项目已经很完备，但为了更好地进行管理和提供公众服务，植物园仍然需要扩大面积。为了满足这一需求，计划在不破坏现有景观格局的前提下建造一个新的游客中心，新建的游客中心将包括教室、办公室、报告厅、会议室、图书馆、商店和咖啡馆。公园召集了珀金斯+威尔（Perkins+Will）事务所的建筑师彼得·巴斯比（peter busby），以及与夏普和戴蒙德（sharp & diamond）景观设计公司合作的温哥华本土景观建筑师科妮莉亚·哈恩·奥伯兰德共同担任建筑和景观设计。

奥伯兰德因其在景观设计实践中做出的贡献而被认为是加拿大的国宝，她以主张极简主义美学、致力于可持续的景观设计以及对设计挑战的艺术性回应而著称。她能够在为每个项目寻找设计灵感的过程中获得快乐，比如她在渥太华国家艺术博物馆（National Gallery of Art）的针叶林景观灵感来源于艺术家A·Y·杰克逊（A.Y.Jackson）的画作“蛮荒大地（Terre Sauvage）”；巴比伦的空中花园为华盛顿特区的加拿大大法官法庭（Canada Chancery）的悬吊花园提供了灵感，同时也是可以俯瞰麦肯齐河三角洲（Mackenzie River Delta）景色的柏林加拿大大法官法庭屋顶花园的灵感来源。在温哥华，奥伯兰德还和建筑师阿瑟·埃里克森（arthur ericson）合作设计了英属哥伦比亚大学人类学博物馆（University of British Columbia Museum of Anthropology）的景观，以向海达族人（Haida）的文化致敬[1]

[1] 海达族是居住在北美的印第安人。——译者注

这张平面图展示了叶片状的屋顶花园和新建筑旁的种植区域，奥伯兰德在这片种植区域里只运用了18世纪博物学家阿奇博尔德·孟席斯所记录的乡土物种

奥伯兰德为人类学博物馆设计的景观体现了当地原住民的传统。建筑和景观都让人回想起当时建造在海岸线和页岩海滩的森林边缘的长屋

对页左图：卡尔.布洛斯菲尔德首创的植物摄影书中的兰花照片，激发了奥伯兰德设计范杜森植物园游客中心屋顶花园的灵感

对页右图：在舍弃非本土植物作为设计灵感后，奥伯兰德将目光转向了一种匍地兰花——圆叶兰花（Habenaria orbiculata var. menziesii），这是太平洋西北海岸的本土物种

只是出于本能，奥伯兰德试图从书中为这个温哥华的委托项目寻找创作灵感。她的童年在柏林城郊度过，那时家里有一个藏书丰富的图书馆，里面还收藏有几本她母亲贝亚特·哈恩（Beate Hahn）所著的园艺学书，从那时起，书籍就成为奥伯兰德一直以来的试金石。在奥伯兰德移居的温哥华市的家中也到处是书：书架上、桌子上，甚至连她家和办公室的地上都整齐地堆放着成堆的书。

当奥伯兰德开始构思这个项目时，为范杜森植物园游客中心建造屋顶花园的想法一直在她脑海中徘徊，毫无疑问，这里需要建造一个屋顶花园。这个游客中心的设计将参加“有生命力建筑挑战（Living Building Challenge）”竞赛，这个竞赛的举办是推动环境可持续发展所采取的最前沿的措施。

除了奥伯兰德擅长的将建筑和场地相协调，同时她还希望为游客中心加入一些别具一格的元素，而不仅仅是一个线形的种着植物的屋顶。她想象着一个更有机、更自然的形状，比如植物的叶片。或许屋顶甚至不必位于建筑顶部，也可以在某些部分下垂与地面相连。

她想起了一本钟爱的书：《自然界的艺术形式》，小时候她在德国家里的图书馆里见过这本书，这是一册关于卡尔·布洛斯菲尔德所拍摄的植物照片的书，书中大部分照片拍摄于19世纪。他的照片展现了含苞欲放的花朵和伸展的叶片的曲线美，在那个时代尤为特别。她翻看了布洛斯菲尔德的另一本书《植物的字母表》，在书中她注意到一张照片——兰花抽芽的叶片，看到照片的那一刻，奥伯兰德灵光突现：游客中心的屋顶可以设计成层叠的兰花叶片，每一片弯曲的叶片上都可以种植一片植物。但布洛斯菲尔德的照片上拍摄的不是温哥华本土的兰花，所以奥伯兰德在另一本书上找到了更契合场地的本土兰花。

第二天上午当她给设计团队的办公室打电话时，无独有偶，她发现他们也在研究张布洛斯菲尔德的同一张照片。最终，他们达成一致，认为采用本地兰花形状的屋顶很契合场地。

这个引人注目的屋顶是范杜森植物园游客中心最成功之处。叶片状的屋顶弯曲延伸到地面上，经过的游客可以直观地看到屋顶的部分表面。屋顶的植物品种选择反映了太平洋西北沿岸的草地群落，屋顶上种满了本土的牛毛草，牛毛草生长不会超过15厘米（6英寸）并且一年只需要修剪一次，草丛中点缀着本地的花卉如黄色的冰川百合、白色的鹿纹百合、格子百合、垂花葱和巨大的北美百合科植物。这些植物在各个季节都能给屋顶带来温和迷人之感。

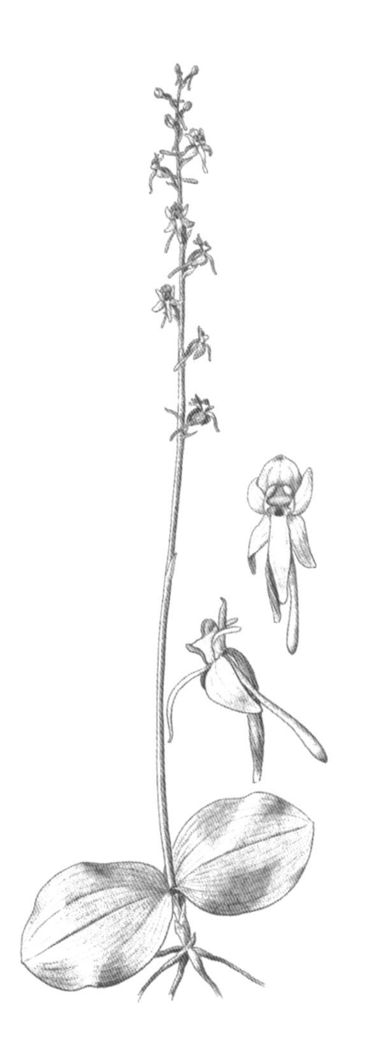

在这张图中，叶片状的屋顶上下起伏，就像一株有生命的植物

摆动的兰花在屋顶的某个区域盛放

绿色屋顶上还装有太阳能板

在通往范杜森植物园游客中心入口桥的两侧，奥伯兰德的种植设计与原有景观交织在一起

对页图：奥伯兰德的雨水花园既装饰又实用，它只包含了该地区在18世纪已知的乡土植物。

奥伯兰德和她的设计团队还被要求进行植物种植设计，从而使新建筑与植物园的已有景观相融合。奥伯兰德为这个项目中配置了低调的本土植物，她所设计的花园从来不凸显色彩，就像她常说的那样：科妮莉亚的景观设计里没有花。

奥伯兰德希望她新栽种的植物可以尽量自然地融入环境，一如往常。为此，她采取了一些在人类学博物馆设计中使用过的类似手法，在人类学博物馆的景观设计中，奥伯兰德在草地和土堆上种植了本土的草和野花，当地人来到这里既可以欣赏博物馆里展示的当代艺术，又可以观赏熟悉的本土植物。

同样的，奥伯兰德希望范杜森植物园中也能够种植本土植物。在她的藏书室中，她找到了克莱夫・L・贾斯蒂斯（Clive L.Justice）的《孟席斯先生的花园遗产：西北海岸收集的植物》。她在书中再次读到了耳熟能详的温哥华远征，这是关于HMS发现号的航海历程——HMS发现号是一艘装备齐全的海轮，配有100名船员，由乔治・温哥华（George Vancouver）担任船长。阿奇博尔德・孟席斯作为一名苏格兰的外科医生、植物学家和博物学家，也参加了1791～1795年间的这次探索并记录北美太平洋沿岸的开拓性探险。在这次航行期间，孟席斯记录了许多欧洲前所未知的植物品种，并带回了许多植物标本、种子和植株。

在这个故事的启发下，奥伯兰德确定了温哥华植物园的植物配植方案。在由场地条件所决定的一系列区域里，她只选择了孟席斯所记录的本地植物，包括红桦、太平洋梾木和直花树莓，也就是人们常说的太平洋浆果鹃。她选择熊果作为地被植物，在洼地的底部种植了蓝色的俄勒冈鸢尾。在她所钟爱的雨水花园中，奥伯兰德使用了三种可以净化水质的植物：灯芯草、水莎草和黄菖蒲。当回想起她穿着高筒靴站在水里，亲自指挥着每块石头和每株植物应该被放在哪里时，奥伯兰德的语气中满是欣慰。

通过这种方式，奥伯兰德设计了一个精妙的、能够与已有的本土植物和植物园中更具装饰性的植物完美融合的新景观。她对本土植物的关注赋予了温哥华植物园在21世纪的生态使命。奥伯兰德强烈倡导在每个景观中运用本土植物，希望参观者不但能够享受他们所看到的，并且将这样的理念带回家中，在自家院子里种植本土植物。

劳里·奥林

LAURIE OLIN

罗马美国学院的景观再设计

The American Academy in Rome Landscape Redesign

意大利罗马

Rome, Italy

设计于1990年

Designed in 1990

被委托进行罗马美国学院的景观重建时，劳里·奥林从场地附近的贾尼科洛山（Janiculum Hill）的乡村传统、古典和文艺复兴时期的意大利园林以及他熟知的罗马喷泉中汲取灵感。

受在罗马期间所参观的许多园林启发，劳里·奥林在学院的奥里利亚庄园（Villa Aurelia）设计了一个秘密花园，园中的喷泉按照传统形式用粗糙的红色石灰岩进行建造，充满野趣

从贾尼科洛山的山顶远眺，奥里利亚庄园的景色兼具古罗马和现代罗马的特色

虽然劳里·奥林的工作室位于费城，但他的项目遍布于世界各地，然而在罗马美国学院的景观再设计过程中，他大部分时间都待在家里——一个他自己视为后花园的地方。奥林在20世纪70年代获得过两次罗马奖，曾作为罗马美国学院的一员在学院度过了意义非凡的两年，此后也常作为访问学者和学院理事回到此处。

出于对学院传统和历史的尊重，奥林只对场地做了一些细微的调整，轻微得就仿佛只是把这块场地整理了一下。他移除了老旧的网球场，增加了一片多产的橄榄树，为人们的活动设计了开放式草坪，种植了果树，并建议设置一个大型的圃床式蔬菜园。奥里利亚庄园是一栋从主建筑延伸到街对面的学院建筑，他在那里设计了一个充满吸引力的、种满鲜花的入口，以替代管理不善的绿篱，并设计了一个古老风格的秘密花园。

奥林所有设计的主导理念是使学院的景观与“罗马”相协调。奥林给学院的设计中充斥着罗马的感觉，这是一种与意大利、佛罗伦萨、西匿斯和威尼斯截然不同的感觉。在建筑、园林、城市广场和雕塑中可以感受到罗马的恢宏气势，不禁让人回想起罗马帝国和文艺复兴时期的贵族和红衣主教，毕竟大部分的建筑都是为他们而建。最能体现奥林理念的莫过于他为学院入口设计的喷泉，这个喷泉的设计灵感来自罗马城的尺度感以及他在罗马期间调研和写生的大量城市喷泉。

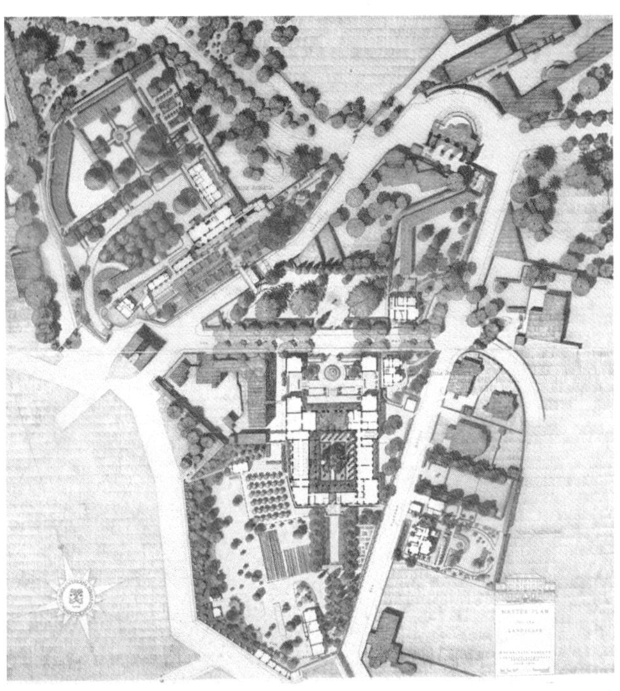

1990年总体规划报告里，奥林用彩铅绘制的平面图展现了罗马美国学院的多种属性，也展示了他最初的设计理念

奥林希望通过新设计的喷泉表现出罗马的力度和高贵

罗马美国学院由一群美术家、建筑师和资本家共同成立，学院坐落于贾尼科洛山，占据了建于1914年的由麦金、米德和怀特建筑事务所[①]设计的宏伟大楼及其周边地势高于罗马的4.05公顷（10英亩）土地。一个多世纪以来，诗人、美术家、作家、学者、作曲家、环境保护主义者、建筑师和景观建筑师们纷纷来此从事他们自主选择的项目。在这里，他们既可以互相学习，又可以从罗马城获得灵感。他们的人生不约而同地留下了这段经历的印记。对奥林而言，这就是他就读的研究生院，当他回到美国时，已然成为一名景观设计师。

在这里度过的两年时间里，罗马美国学院为奥林提供了一种大学的氛围：他能够与其他艺术家和学者一起共事。奥林认为，最重要的是，这段经历教导他像一个罗马人一样生活，他对罗马人生活方式的形容是对艺术有较高的鉴赏能力、能够用一种更文明的方式安排自己的一天，包括在不慌不忙地享用午餐时喝上一杯葡萄酒。

奥林对学院的印象不仅包括工作期间观察到的特定植物的外形和气味，也包括各种各样的声音，比如图书馆窗户下网球的撞击声或“每天下午小教堂里传来的钟声”。他提及“我们自己后花园”里的一面古老的宗教墙，称这是一面能够引起他思乡情绪和亲近感的地方。20世纪80年代，当他以校园理事的身份重回学院参观时，发现那些熟悉的景观已然变了模样。标志性的松树由于病虫感染奄奄一息，草坪上停放着私家车，后院被用来给汽车换油。处处都是一片疏于管理的景象：街对面的奥里利亚庄园里，到处都是缺失的树木、杂乱的树篱，甚至有垃圾在草坪上焚烧。

奥林向董事会发出警告并开始行动：他为此投入了大量的时间与精力，编写了总体规划报告，其中包括对现状景观的评估以及学院1889～1989年间的历史。奥林强调随后的景观更新必须和这份报告相配合，他信任他的委员会，其成员包括：阿黛尔·查特菲尔德·泰勒（Adele Chatfield Taylor），1988～2013年期间罗马美国学院的主席和首席执行官；建筑师克里斯蒂娜·普列塞（Christina Pugliese），改造工作的监督者；亚历山德拉·文奇盖拉（Alessandra Vinceguerra），园林和植物的管理者。

在报告被接受后，奥林在“麦金、米德和怀特”建筑以及更古老的奥里利亚庄园中开展主要的景观改造工作。一部分的再设计源于奥林的个人体验。当年奥林在学院的时候，他的工作室位于赭色灰泥和石块建成的麦金建筑中，那时他每天都从工作室眺望位于入口庭院中心的“低矮的玫瑰花床”，每每有游客从天使玛西娜之路（Via Angelo Masina）穿过高大的铁门时，玫瑰仿佛在迎接他们。但他认为那里应当设置一个喷泉而不是花床，但也不是任何喷泉都可以，必须是罗马特有的喷泉。

这样的案例和灵感在罗马遍地都是，奥林在考虑他的设计方案时研究了很多案例。最终，他在自己的草图里结合了研究过程中最欣赏的喷泉。第一个喷泉由17世纪的建筑师卡洛·丰塔纳（Carlo Fontana）设计，位于特拉斯泰韦雷（Trastevere）的西克斯图斯桥（Ponte Sisto）对面，这个喷泉启发了奥林对喷泉上半部分的构思；纳沃纳广场的摩尔人喷泉（Fontana del Moro）的基座轮廓，启发了奥林对喷泉底座的构思。另一个奥林喜爱的喷泉因其有力而优雅的外形也成为了创作灵感的一部分：在通往万神庙的走廊上，一个位于圣伊沃（St. Ivo）旁的古罗马水池。奥林设计的喷泉不是对任何喷泉的抄袭，只是受到了这些喷泉的启发。更重要的是，这个崭新的喷泉唤起了人们对古老喷泉精神的关注。

① “McKim，Mead & White”，20世纪初美国著名的建筑事务所——译者注

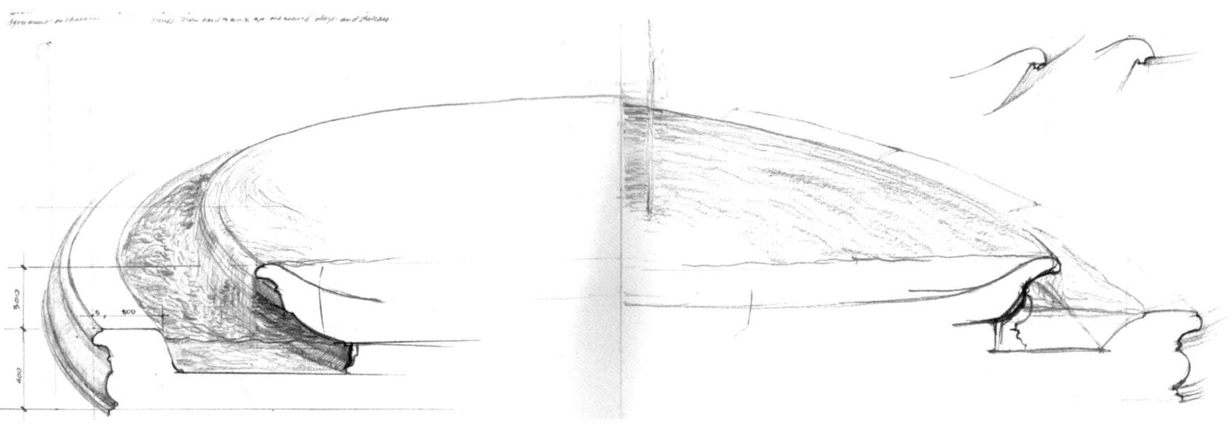

奥林给学院绘制的喷泉方案，其中结合了他最喜欢的罗马喷泉的元素

上图：奥林绘制的在移除网球场和草坪上的私家车后的方案草图

顶图：奥林对原先学院建筑后方场地的速写，到处是随意停放的私家车

因为奥林设计的喷泉在尺寸上与建筑和庭院完美契合，所以学院的大部分访客都以为这个喷泉是原本就存在的。在完成花园的设计草图后，奥林发现学院早期的一版规划里早已提出过在入口庭院处设计一个喷泉而不是花床的想法。然而在重现这版规划中的古老喷泉设计的渲染图后，奥林发现这个喷泉的尺寸太小了，给人一种胆怯感，一点儿也不罗马。

据奥林所说，每当从意大利的其他城市回到罗马时，他都会感受到这个城市与众不同的气质。古罗马和文艺复兴时期的罗马，都给奥林设计方案的各方面带来了灵感。

在奥林的敦促和其他人的支持下，从学院后院移除了一个建造于20世纪20年代的、靠近“麦金、米德和怀特”建筑的网球场，为这里的景观提升创造了空间。从奥林在此处绘制的速写可以看出泊车侵占了园林空间，同时还能看到他的改进建议。按照奥林的设计，一条蜿蜒的小路通向了使用率较高的学院后门和一个先于学院存在的路边小酒馆。奥林认为这块场地和轻轻翻滚的大草坪应该像慷慨的公园一样，为大家的活动提供场所。

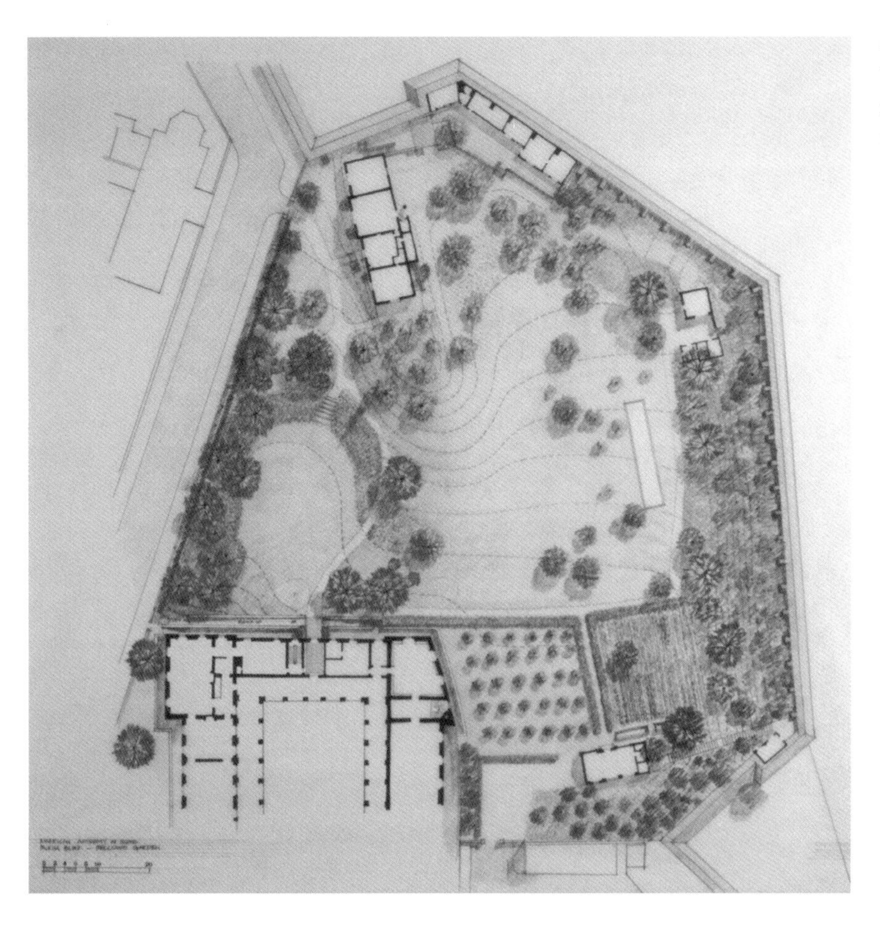

在学院“麦金、米德和怀特”建筑后方区域的平面图中可以看到，奥林计划在已有的树阵中适当地重新规划场地和道路，并设计一片橄榄树林来唤起人们对该区域古老农耕传统的记忆

奥林设计的通向学院后门的蜿蜒的小路，以及这片在午后长长的树荫下富有魅力的开放空间

这块新拓宽的草坪欢迎学院的工作人员和他们的家人来此享受静谧的时光或进行集体活动

作为对大家工作的褒奖，每年秋天学院的同事们可以从奥林设计的橄榄林里收获橄榄以及一大罐加工而成的橄榄油

对页上图：一片种满果蔬的生产性园林满足了学院厨房的大部分需求，并唤起了人们对古罗马时代的回忆

对页下图：这条重新设计的入口车道跨过街道、从学院建筑通向奥里利亚庄园，包括茂盛的紫藤在内的开花植物在车道两侧形成一种欢迎的布局

现在人们可以远远地看到草坪的边界，以及罗马的同事们每年秋天都能收获的橄榄树林。这片果林是奥林的点子，尽管他谦虚地说“在罗马，就连外行人都能想到这个主意”，但奥林考虑到了这个地方的历史：这个后院曾是一片耕地，就像城市外围极其著名的罗马坎巴尼[1]区域和隔壁的老蒙特韦尔德（Monteverde Vecchio）区域一样，这个后院也曾是一片耕地。这样的田园景象可以在17世纪画家克劳德·洛兰（Claude Lorraine）的画中看到。

因此，学院的景观中恰如其分地栽种了李树、桃树、杏树、石榴树，以及一个高产的种植果蔬的园子，园中所产的果蔬受到餐馆老板兼创始人艾丽斯·沃特（Alice Water）的认可，他是罗马绿色餐饮项目的成员，也是此处所有食品相关问题的顾问。对奥林来说，这片园林区域是“rus in urbe”的典范，也可以称为“城市中的农村”，这个概念来自于马夏尔（Martial）一个世纪前的著作《警句第十二册》（twelfth book of epigrams）。甚至连月桂树篱也可以为学院的厨房提供当季的叶子。

在街对面的奥里利亚庄园里，部分园林仍然保持着克拉拉·杰瑟普·埃兰德（Clara Jessup Heyland）时期的形态。埃兰德来自美国费城，她在1885年买下了这栋房子，并和她的园丁共同设计了这个园林原先的布局，之后她把别墅遗赠给了罗马美国学院。

在奥里利亚庄园里，奥林指明要把园林打扫干净并替换缺失的树木。种上新的松树，将槲树修剪成它们原先的伞状，奥林指出，这是公元前1世纪以来罗马的传统。园林中的中心喷泉被修复回正常的工作状态。与“麦金、米德和怀特”建筑后花园的开放属性不同，奥里利亚庄园的园林光线更暗、植物更多更密集，有很多荫蔽的角落。

[1] Campagnia，在罗马坎巴尼，农业十分重要。——译者注

通过一些简单的改进措施，比如重新补植缺失的树篱，奥林还原了奥里利亚庄园的花园

奥林经常参观、绘制并拍摄这个马达马庄园的植物池，这是他秘密花园喷泉的参考案例之一

这样荫蔽的角落曾经被用来焚烧垃圾，奥林提议在此使用新元素：秘密花园（Giardino Segreto），这个灵感来源于古罗马和文艺复兴时期的别墅。意大利充满了这样的秘密花园案例，大多数16世纪的园林会在一侧设置一个围合空间，里面有喷泉、粗糙的墙体和岩穴，不会直接向参观者展示。奥林为奥里利亚庄园设计的秘密花园以喷泉为特色，他认为自己的创作灵感来自于粗糙的、长满苔藓的、像古代圣泉一样让水流入暗池中的喷泉。奥林参观过的著名案例包括位于千泉宫（Villa d' Este）的、有着百年历史的喷泉群，以及兰特庄园顶部被苔藓覆盖且有水流过的石头。其中他最喜欢的案例是16世纪的马达马庄园（Villa Madama）。

奥林在秘密花园的喷泉设计灵感是突然迸现的。喷泉完全按照他绘制的草图建造，这个喷泉看起来古老而破旧，显得恰如其分。就像他钟爱的许多古老喷泉一样，奥林将场地里的许多碎石随机地混合在一起，其中包括古罗马陶片，他回收使用这些陶片作为导水入池的水龙头。在几世纪前的花园里，这样的滴水声是一种令人愉悦的元素。奥林对奥里利亚庄园的秘密花园的设计目标是：设计一种“愉快的场所（Locus amoenus）”，一个会给人带来灵感的舒适场所。他觉得这个理念可以推广到所有的学院园林设计。

劳里·奥林在学院的经历是那些他在艺术领域接受的研究生课程：聆听作曲家演奏他们的作品，参观画家的工作室，在用餐时和学者、作家交谈。罗马园林吸引他去参观，并让他感到愉悦。但对他影响最大的还是这座城市本身，罗马多层次的历史、文化、艺术、色彩和活力，改变了他的人生并将一直鼓舞他。

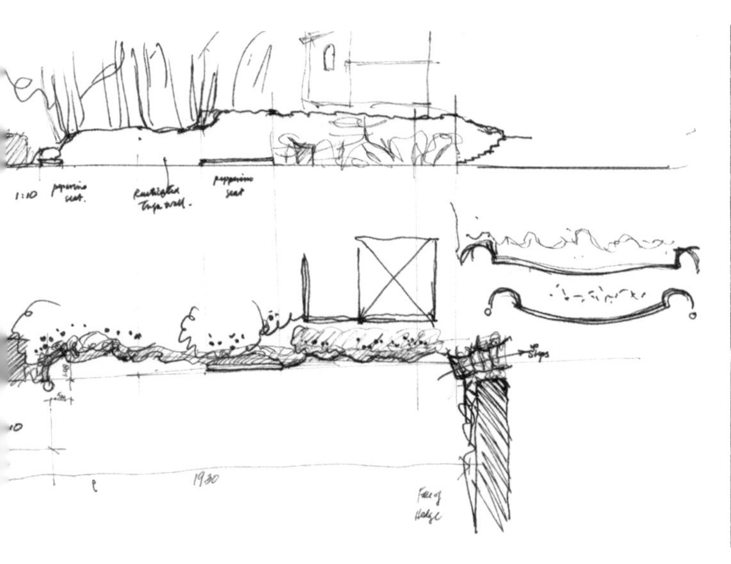

奥林尝试了一些不同的喷泉点子，比如这张草图里的粗琢石灰墙

在16世纪的千泉宫里的百年喷泉群里，水从多个喷口流入长长的、古朴的水槽，这是奥林在秘密花园中设计的喷泉的原型。千泉宫位于蒂沃利（Tivoli），距罗马不远

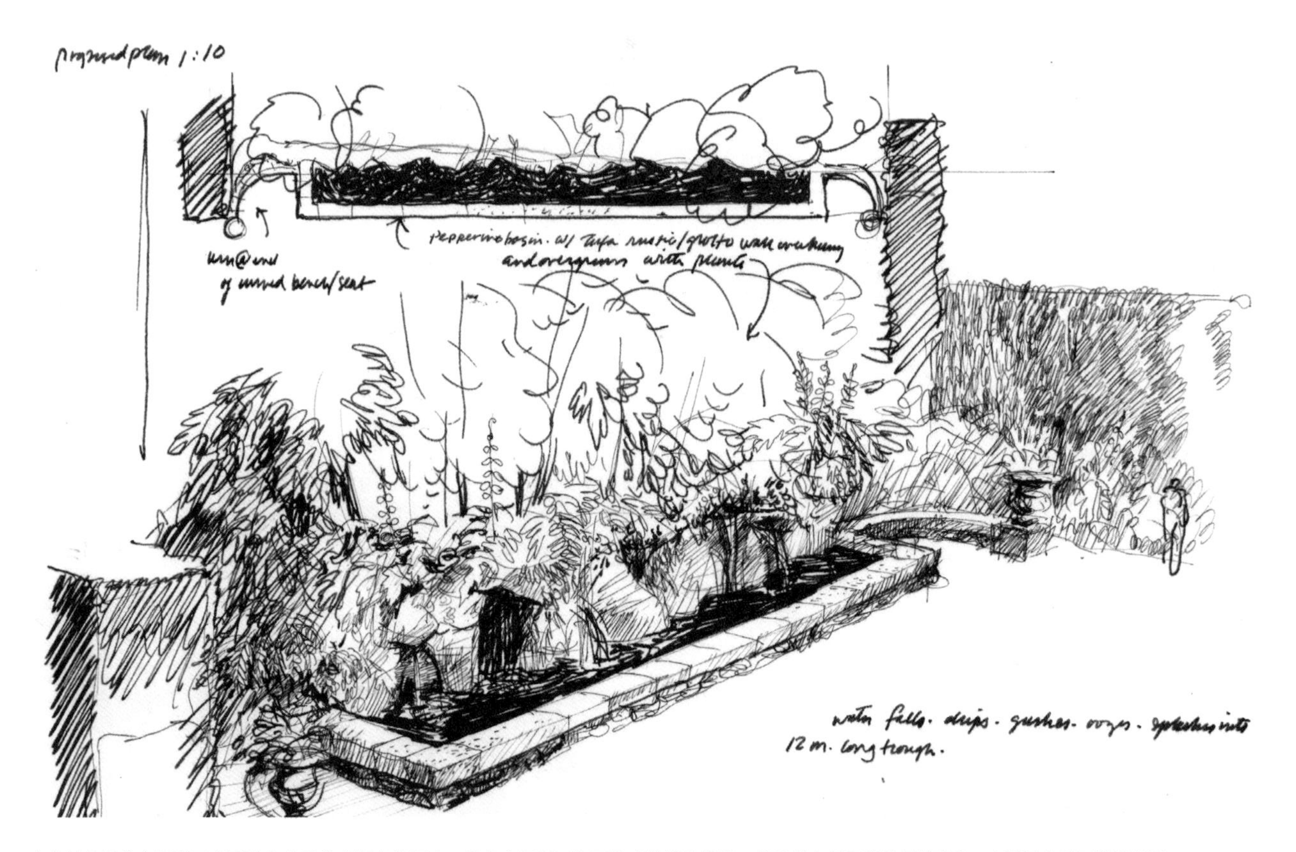

在奥林绘制的奥里利亚庄园秘密花园的多视角草图中，喷泉有粗琢石灰石构成的粗糙外墙，植物从水里和墙体间长出来。在草图中还可以看到围绕着这片喷泉区域的绿篱

肯·史密斯

KEN SMITH

纽约现代艺术博物馆屋顶花园

Museum of Modern Art Roof Garden

美国纽约

New York, New York

设计于2004年

Designed in 2004

肯·史密斯将迷彩图案和两座20世纪50年代晚期建造的花园作为自己的设计灵感，这两座花园分别是雅克·塔蒂的电影《我的舅舅》中的人造花园，以及野口勇在巴黎联合国教科文组织总部的屋顶花园。

史密斯的设计以迷彩图案为基础，并且受到法国电影和日本枯山水的影响，这种影响包括多种元素的运用，比如从远处看起来就如真的一般的假植物、石块和水

“你知道《我的舅舅》（MonOncle）吗？”肯·史密斯询问道，“因为那是纽约现代艺术博物馆（MoMA）一个相当奇特的灵感来源”。在雅克·塔蒂（JacquesTati）这部1958年的电影中，母亲、父亲和他们年幼的孩子住在一个无菌的、设备齐全的、现代化的中世纪房子里，他们屋前的庭院通过一面墙与街道生活相隔离，庭院地面的形状抽象、铺满彩色碎石。园中的池子里有一条巨大的金属鱼，一按按钮就会向空中喷水。一条弯曲的怪异的步道为前行带来了困扰。塑料小绿球点缀地挂在景观常绿树上。任何落到庭院里的真实树叶将会被迅速地清理掉。无怪乎小男孩宁愿和他古怪的舅舅在门外杂乱的世界里到处玩耍，也不愿待在这个整洁的、被电影讽刺的环境里。

观察《我的舅舅》里的花园意象，可以清楚地看出这部电影对史密斯在纽约现代艺术博物馆屋顶的花园设计和材料运用方面的影响——相似的、刻意的人工性。但在史密斯想到《我的舅舅》之前，他的设计其实还有另一个重要的灵感来源，这个灵感是为了回应这个花园大部分重要的使用者——那些将从更高的位置俯瞰花园的人的要求。

电影《我的舅舅》里的布景是肯·史密斯设计美国现代艺术博物馆的灵感来源之一

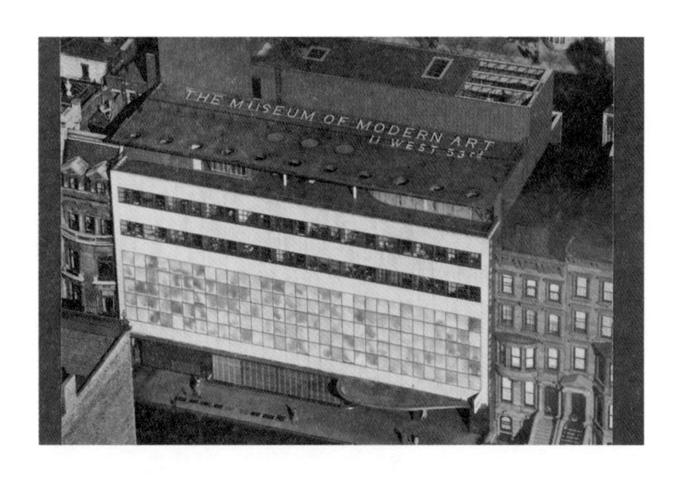

从1939年的照片中可以看到，现代艺术博物馆利用它的屋顶吸引注意

史密斯的项目是一个位于六楼、面积约为1617平方米（17400平方英尺）的屋顶，该屋顶位于新艺术画廊的顶部，这个画廊是2004年建筑师谷口吉生（Yoshio Taniguchi）对现代艺术博物馆进行扩建改造时建成的。博物馆请史密斯在这个新区域设计一个装饰性的屋顶，而不是花园。这片场地不对公众开放，场地里也不会有真正的植物。但对于相邻的52层的博物馆塔楼里的居民来说，这个屋顶在他们的视线范围内，因此博物馆有义务对这个实际上寸草不生的沥青铺设的屋顶进行遮掩，为居民们提供有吸引力的景色。史密斯提出的设计将受到塔楼董事会的审查和批准。

史密斯之所以会想到在屋顶上运用迷彩图案或许是一种必然，毕竟他的任务是将屋顶隐藏起来并创造一种新的视觉真实感，也就是把屋顶伪装成它实际不是的样子。在史密斯看来，为掩盖事实而进行公然的伪装是需要智慧的——迷彩可以作为一种视觉隐喻。在谈到这个充满智慧的想法时，史密斯提到一本他收藏的书：詹姆斯·罗斯的《花园让我欢笑》（Gardens Make Me Laugh）。史密斯是一个爱笑的人，仅仅是看着书的封面他就能开怀大笑。

其实现代艺术博物馆原本就有吸引俯瞰者目光的先例，早在几十年前，这个屋顶就被当成标志牌，向天空传达它的身份和使命。这座建于1939年的建筑在顶部用巨大的、时尚的无衬线字母拼写出了现代艺术博物馆的地址：曼哈顿第53街。

从这张航拍图可以看到肯·史密斯设计的美国现代艺术博物馆屋顶花园局部，以及许多能俯瞰到它的摩天大楼

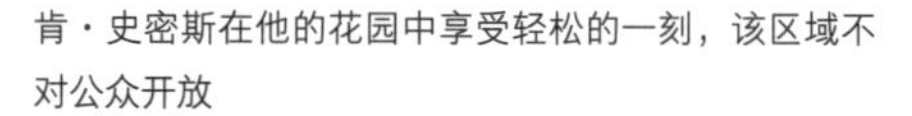

肯·史密斯在他的花园中享受轻松的一刻，该区域不对公众开放

这张照片显示了屋顶景观的两个部分，可以清楚地看到迷彩图案

这些肯·史密斯的妻子普丽希拉·麦吉亨购买的迷彩花纹裤子，激发了史密斯在现代艺术博物馆屋顶的设计灵感

当史密斯接到为现代艺术博物馆设计新屋顶景观的任务时，他已经对“迷彩”思考了很长时间。他是在20世纪80年代关注到这个主题的，当他在哈佛大学设计研究生院（Harvard’s Graduate School of Design）的图书馆做研究时，在《笔尖》（Pencil Point）杂志上偶然发现了一篇1939年的文章。当时正处于第二次世界大战前夕，迷彩在军事中的运用越来越广泛，史密斯对这篇文章很着迷，出于科学和艺术需要，他为不同的场合设计出了合适的迷彩图案，比如单体建筑、城市、农田、机场、池塘、战舰等。后来，出于个人兴趣，史密斯绘制了很多迷彩图，并思考景观设计师如何把它们以不同的方式运用到自己的设计实践中：比如将过去的矿井场地融合进周围的景观，或在纽约中央公园等场地设计中给经常到访的人留下新的印象。

但想到将迷彩主题应用到纽约现代艺术博物馆的屋顶，是在史密斯看到妻子普丽希拉·麦吉亨（Priscilla McGeehon）在纽约下城区街边买的一条裤子的时候——他印象中这条裤子大概花费了1美元或者2美元。与它的起源不同的是，现在迷彩图案开始成为一种城市潮流。这条裤子是橙色、黄色和棕色的，但史密斯所模仿的是它的形态而不是颜色。一个助手影印了这条裤子，随后他们一同修改图案使其——按照史密斯的话来说——更 “人工化”。他们用或大或小的圆代替迷彩图案，然后在图形库中加入直线、T字形交叉和八字形线。通过简单的几何修改，他们把裤子上的设计转化成了设计原型，这是对迷彩图案的抽象结果。

在给纽约现代艺术博物馆的汇报中，史密斯和他的团队展示了四个屋顶图样的草图与模型，每一个都表现了一种迷彩种类，这些种类在史密斯找到的《建筑师与工程师》（Architect and Engineer）杂志1942年的一篇文章中被概括为：模仿、瞒骗、诱饵、混淆。史密斯的模仿方案使用直线来模仿周边的建筑、通风口、电梯井和天窗。瞒骗方案使用曲线和迷彩的图样，使某些东西看起来不再像它们。诱饵方案采用的策略是建造一个假目标或临时的建筑，如史密斯设计了一个折叠形式的屋顶结构。最后，他在混淆策略里甚至提出在条纹背景上设置一个巨大的雏菊图案。在所有的这些方案中，他建议使用的材料包括人工岩石、灌木和彩色的碎玻璃。

作为他对博物馆塔楼董事会的汇报策略之一，史密斯展示了雕塑家野口勇（Isamu Noguchi）1958年在巴黎教科文组织屋顶设计的现代屋顶景观——和平花园（Peace Garden）的图片。野口勇使用了矮小的树木、80吨石块、池塘和曲线状的绿色圆丘，他把这些传统日本园林里的元素应用到他的现代设计中。在对比了四个方案和模型后，博物馆塔楼董事会选择了瞒骗主题。

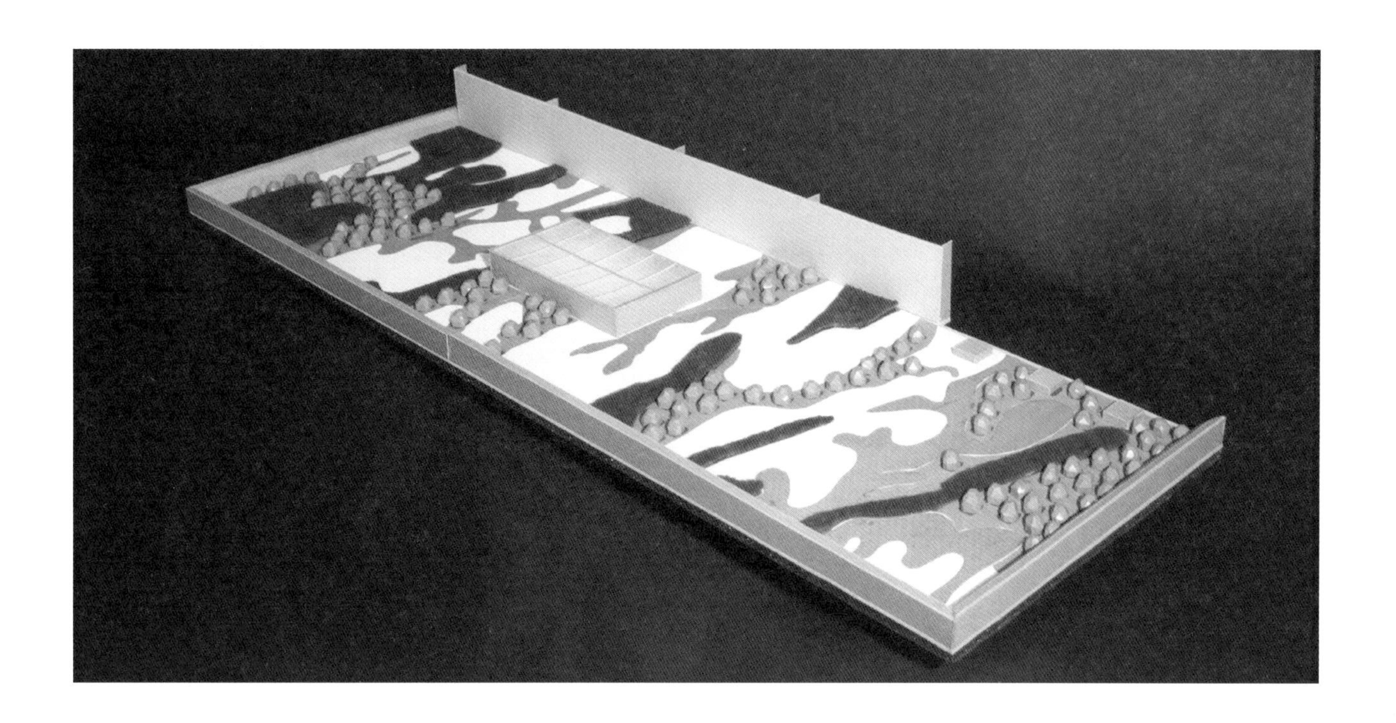

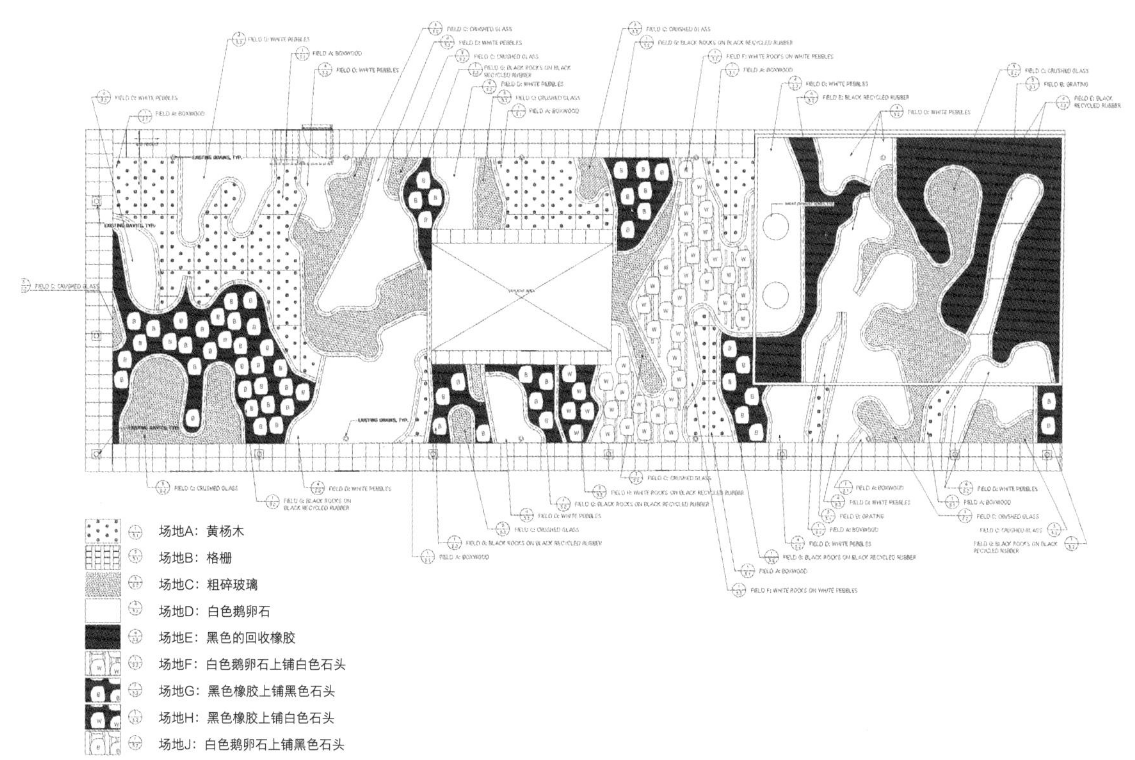

上图：史密斯的平面图展示了建造细节、使用的材料和形式

顶图：这个研究模型起到了帮助说服博物馆楼董事会选择瞒骗迷彩方案的作用

史密斯最喜欢的枯山水是大仙院的“海洋（The Ocean）”，他对其中的人造形状情有独钟

史密斯为现代艺术博物馆设计的花园反映了他一开始的迷彩概念，并且在它的人造材料组合方面模仿了《我的舅舅》中出现的花园。此外，与野口勇设计的联合国教科文组织的屋顶花园一样，这个花园也使用了史密斯在数次造访日本期间学习到的日本园林元素。一个格外吸引他的日本园林是“海洋（The Ocean）”，这是个历史悠久的由碎石铺就的园林位于京都大德寺（Daitoku-ji）的大仙院，园中有一对神秘圆锥，不对称地放置在长方形碎石中。和现代艺术博物馆的花园一样，这个园林中也没有活着的植物，就和其他高度抽象的枯山水一样，它可以被观赏，但不能够进入。和大仙院位于同一个寺庙群的另一个花园，是近代花园瑞峰院（Zuiho-in），由重森三玲（Mirei Shigemori）在1961年设计。重森三玲也对迷彩图案表现出了浓厚兴趣。

这几个花园以及迷彩的概念，为史密斯在博物馆的设计提供了灵感。但他在纽约中城区的这个屋顶设计的花园无疑具有自己的风格，同时他也以此回应了现代艺术博物馆提出的要求：设计一个花园，为我们，也为艺术。

在瑞峰院，倾斜的碎石和迷彩状的形态，仿佛是史密斯在现代艺术博物馆屋顶花园的前身

斯蒂芬·斯廷森

STEPHEN STIMSON

马萨诸塞大学的西南广场
Southwest Concourse
At The University of Massachusetts
马萨诸塞州阿默斯特市
Amherst, Massachusetts
设计于2009年
Designed in 2009

斯蒂芬·斯廷森的这个项目位于马萨诸塞州西部的一个校园里，这个设计的灵感根植于斯廷森对当地农业传统的长期认识和他对农业生态的理解。

康涅狄格河局部的U形弯激发了斯廷森的创作灵感，他调整了这个区域大部分的地表径流，使其流到宽阔的中心步行道两侧和他建造的河流里

航拍图展示了康涅狄格河先锋谷仍处于耕地状态的景观

斯蒂芬·斯廷森对于长长的乡村小路和石制草场墙的喜爱，源于他在自己家族的奶牛农场度过的童年，这个农场自1743年开始经营。这些乡村元素不仅是他和家族历经五代的农业传统之间的紧密联系，同时也是马萨诸塞大学阿默斯特学院的创作灵感，这个项目位于斯廷森家以西约80公里（50英里）的地方。

斯廷森曾在这里度过了自己的大学生涯，因此当学校的西南广场需要更换包括蒸汽管在内的地下设施时，他被召唤了回来。受自己以往的经历和这个区域的生态历史的启发，他敏锐地察觉这是一个将周边的自然景观和先锋谷（Pioneer Valley）的农耕传统引入校园的好机会。

斯廷森拍摄的其家族农场的照片，他就是在这样的乡村景观里出生的

托马斯·科尔的《牛轭湖》（The Oxbow）描绘了康涅狄格河激动人心的大弯曲，这也是斯廷森设计灵感的一部分

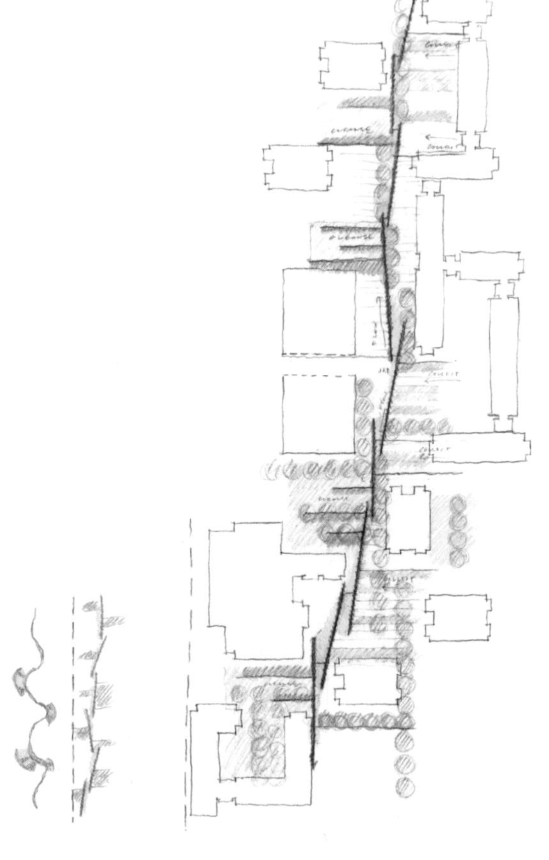

斯廷森设计的河床呈南北走向流经校园的这片区域，这张示意图说明他打算用植物替代现有的大部分硬质铺装

这个场地过去因为它的萧瑟而略显恐怖，20世纪70年代，一片2.025公顷（5英亩）的农田被推平，几栋22层高的宿舍楼在这里拔地而起，组成了学生宿舍群。建筑间的连接区域大部分是硬质铺装且毫无吸引力。因为这块场地被视为校园发展停滞的区域，所以被人忽略甚至肆意破坏，最终呈现不完整的碎片状，在过去的几十年间并不受住宿学生的喜欢。

在景观的再设计过程中，斯廷森给自己设定的一个挑战是去除这里的38个集水井，这些集水井在过去总是将雨水径流从场地排入一个已经满负荷的雨水系统。斯廷森的妻子，景观设计师洛朗·斯廷森（Lauren Stimson）基于对自己水流方式和距校园仅9.6公里（6英里）的康涅狄格河U形弯的了解，想到了这个问题的解决方法。

U形弯是指河道中出现的U字形弯曲，它曾为农业提供了最肥沃的土地，这些土地被称为丘陵间低地草甸。殖民地时期这些区域吸引了大量农民定居于此，他们的农业活动使先锋谷的区域景观趋于碎片化。康涅狄格河有好几个U形弯，最引人注目的一个成为了马萨诸塞州北安普敦的著名地标，1836年美国画家托马斯·科尔（Thomas Cole）还曾描绘过这里的风景。

为了将雨水保留在场地中，而非直接排入雨水系统，洛朗·斯廷森的构想是模拟河流和它的U形弯：一条人造的河流流经这片2.025公顷（5英亩）场地的大部分区域，暴雨期和融雪期是这条河流的“丰水期”，其他时间是河流的“枯水期”，抽象的U形弯为雨水溢流提供了空间。

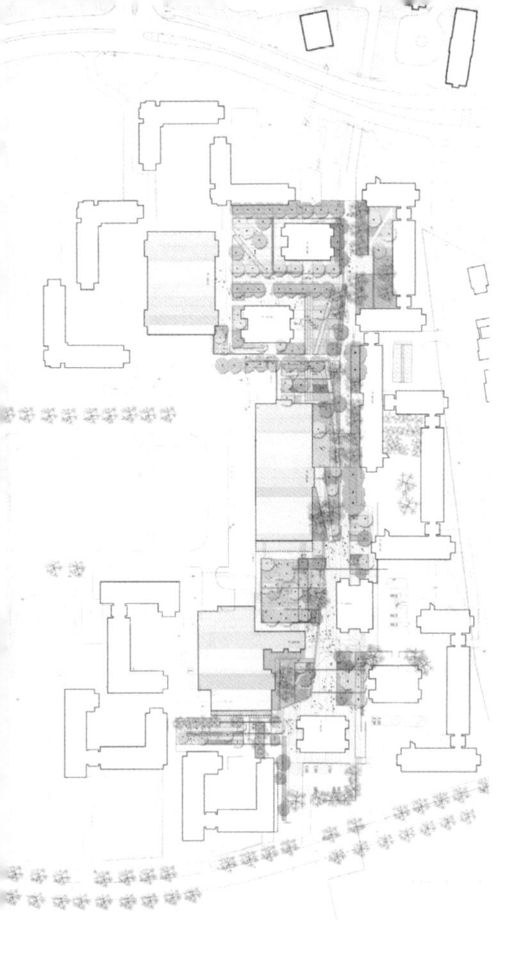

斯廷森在艾摩斯特市马萨诸塞大学规划的项目平面图，其中包括可以把雨水保留在场地内的人造河流和种植区域

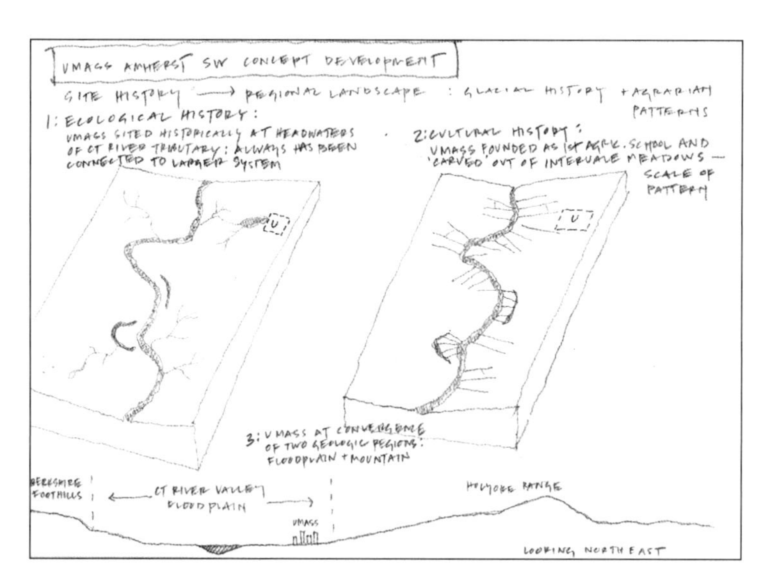

斯廷森的草图突出表现了他通过模仿康涅狄格河，为这个城市校园设计的排水系统

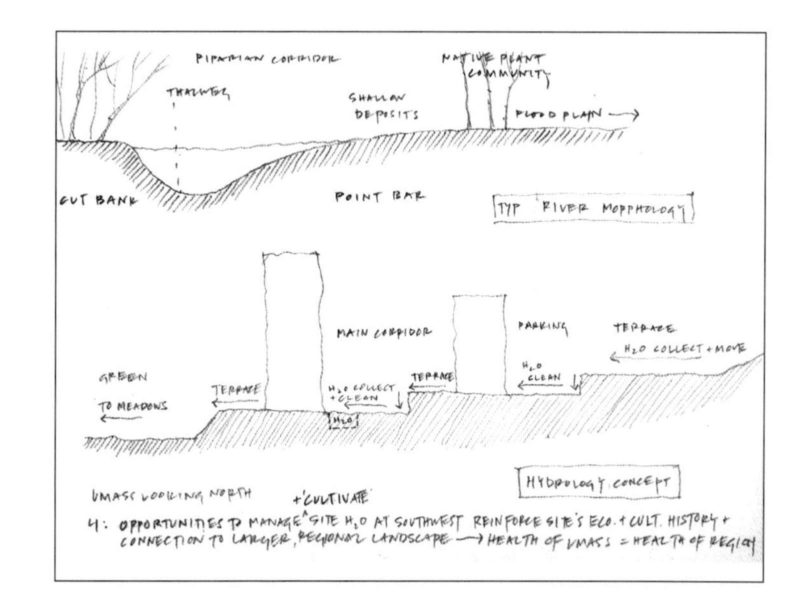

在这张草图中，斯廷森在图上方表现了典型的河流形态；图下方是他绘制的早期规划：控制和引导场地内的水并将它们连入更大的区域景观相联系

斯廷森的景观设计去除了场地内的集水井，取而代之的是植被排水区。在这片区域的河床中，他使用了长条的本地花岗岩并种植了本土的水生植物

这张中心步道和人造河床的照片，表现了斯廷森通过石头和浆果植物营造引人入胜的秋白色彩。英国梧桐是他保留在场地中的几种植物之一，其他植物都是新引进的

斯廷森将多种多样的水生植物随意地，甚至是杂乱地种植在脊柱般的河床里，成为巨大的雨水花园，这些植物包括山茱萸、山柳和美洲冬青，这些都可以在康涅狄格河的沿岸看到。几何状的U形弯离河道中心较远，相异于河床的原始感，这里有秩序地种植了包括海棠和山楂树在内的许多植物，唤起人们对果园农业景观的回忆。

在U形弯曲里，斯廷森设计了巨大的下沉区域，或者说下沉花园，当河床里的水涨满便会流入这片区域。在可排水的土壤上搭建的抬升式露天平台，使这片区域不但具有生产性，而且具有社会性。现在学生们将这片场地作为非正式集会场所。斯廷森喜欢这种抬升的概念，让人感觉像悬浮在一片湿地或一片种植着本地草种的草地上。

考虑到那些更正式的区域，斯廷森想到他最崇拜的一位景观设计师——丹·基利（Dan Kiley）。斯廷森说当他把树种成一排或使用树篱时就会想起基利。不知是巧合还是设计的必然性，斯廷森的U形弯和基利在得克萨斯州达拉斯市与彼得·沃克一起设计的喷泉广场（Fountain Place）有一些相似性，喷泉广场位于一座办公楼前的入口广场，也有一条步道悬浮于水面上。

这条河和U形弯是整个项目主要的设计元素，赋予了这片曾经被冷落的区域以独特的性格。农业主题同样赋予其特色，斯廷森在简单的细节中体现了农业特点。他喜欢在这里运用草场旁的石墙，和以白橡树为原木、用重金属紧固件固定在一起的长凳，这使他想起了农业工具。

直线型的排水区域用耐腐蚀的高强度科尔坦钢搭建，并种植耐涝植物以调节径流

丹·基利在达拉斯设计的喷泉广场可能为斯廷森设计的U形弯提供了灵感

斯廷森很高兴可以找到大的白橡树原木来制作沿主步行道放置的简洁坚固的长凳，它们的重金属紧固件让人回忆起纯朴的农业工具

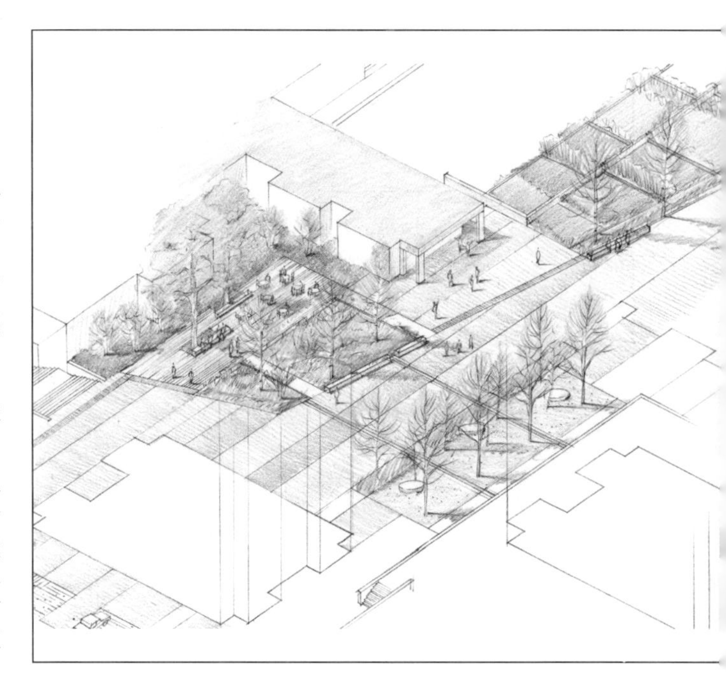

虽然现在的中心道路对货物运输和校园交通来说足够宽，但相比于它的原始尺寸已经缩减了很多。可以看出斯廷森试图将这里尽可能打造成一条乡间小路，路边是潺潺的溪流，尽管这条乡间小路被铺设成现代形式。

除了清除这个区域内所有的集水井之外，斯廷森还将该区域的不透水面积从70%降低到40%。现在，超过一半的场地被植物、原先的块石路面或碎石所覆盖。让斯廷森感到开心的是，在改进场地的生态功能的同时，他还能有机会诠释这个场地的环境历史。更令他感到欣慰的是，马萨诸塞州大学景观设计系现在会带领学生来这里学习雨水管理、排水和放坡等。

艾摩斯特校区和斯蒂芬·斯廷森在剑桥的办公室之间，是马萨诸塞州普林斯顿一个宁静的小城镇，斯廷森的家庭农场坐落于此。正是在这个离他们双方父母都不足一英里的地方，斯蒂芬和洛朗·斯廷森为自己建造了一个农场，并为它取名“查尔溪（Charbrook）”。

斯廷森在普林斯顿的这个项目是他的私人项目，查尔溪是农场式布局，有住房、谷仓和田地。根据他们祖先的传统，斯廷森夫妇创造了一片可供他们生活与耕作的土地，这既是他们事务所的景观设计作品，也是他们进行本地灌木和树木变种栽培试验的苗圃。斯廷森夫妇规律地通勤于家和剑桥的办公室之间，虽然他们的谷仓里是工作室而不是奶牛，但他们意识到这个地方是一个能够展现祖先农场生活的现代场所。

在马萨诸塞大学西南广场和斯廷森的宅地，原始自然状态和农业模式形成了鲜明的对比。关于艾摩斯特校区的再设计，斯廷森记录道：“我们认为这个项目应当把生态带回场地，但我们设计出来的生态还只是盒子里的生态。所以我们允许它在两条直线之间粗放地生长。” 斯廷森说，就像在一个农场里，秩序和粗放之间存在微妙的平衡。对他而言，这使得设计景观变得更加有趣。

中心步行道的俯瞰图展现了斯廷森设计的铺设图案和成排种植的树

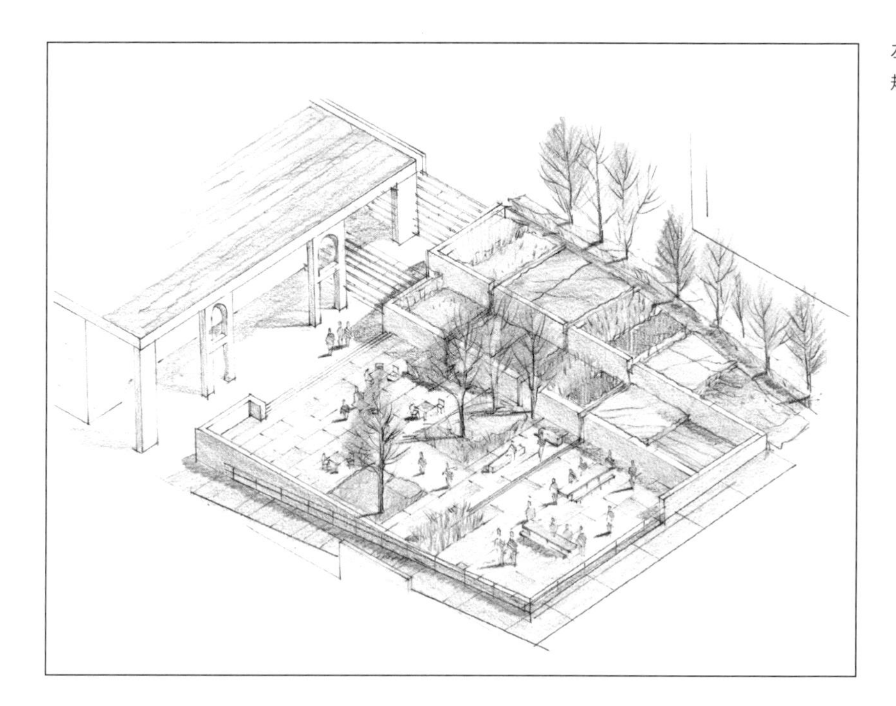

左图与对页图：斯廷森用两张轴测图来表现校园规划里的部分设计元素

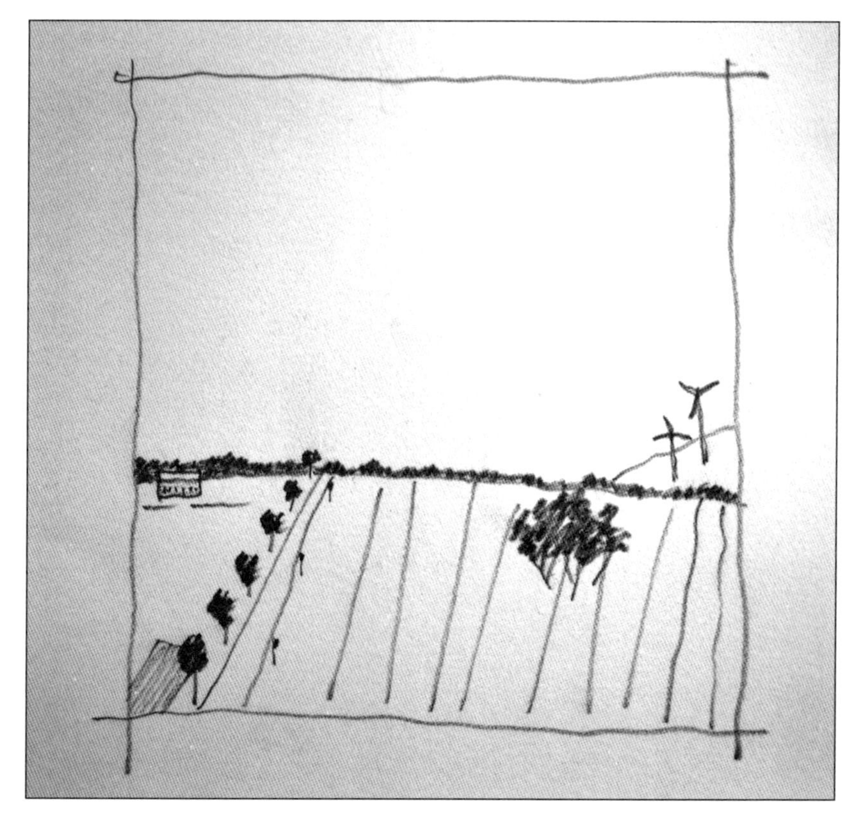

洛朗·斯廷森的草图展示了查尔溪的概念布局

汤姆·斯图尔特·史密斯
TOM STUART-SMITH

布劳顿庄园的围墙花园
The Walled Garden at Broughton Grange
英格兰北安普敦郡
Northamptonshire, England
设计于2000年
Designed in 2000

一个巨大的方形池塘，是汤姆·斯图尔特·史密斯在布劳顿庄园设计的台地式景观的核心元素，这个灵感来源于罗马北部兰特庄园的水花坛。

斯图尔特·史密斯设计的方形水池倒映着蓝天白云，让人回想起兰特庄园里精巧的方形水池元素。他也曾考虑过采用中世纪的鱼池

当游客从花园入口一路前行，兰特庄园里壮观的水花坛就会映入眼帘，这个水花坛是花园最低一级台地上的重要景观元素

2000年，也就是汤姆·斯图尔特·史密斯设计布劳顿庄园的围墙花园的那年，他凭借一个叫“向勒·诺特雷致敬（Homage to Le Notre）”的花园赢得了切尔西鲜花花园（Chelsea Flower Garden）金奖。相较于勒·诺特雷（Le Notre）为路易十四（Louis XIV）设计的位于凡尔赛宫的皇家花园，虽然斯图尔特·史密斯在北安普敦郡设计的围墙花园的尺度较小，但它们在许多方面有共通之处：线性组织的树、修剪过的灌木、中心水景元素以及从园林外部观察时看到的景色。斯图尔特·史密斯最直接的灵感来源是位于罗马北部维泰博（Viterbo）附近的、早于凡尔赛宫一个多世纪建造的兼具戏剧性和几何性的山坡花园兰特庄园。兰特庄园是雅各布·巴罗齐达·维尼奥拉（Jacopo Barozzida Vignola）的设计作品，它建造在斜坡上，从头到尾贯穿同一个景观主题。

人们一般是从荫蔽的花园顶层开始参观兰特庄园，在这里有水流从墙上长满青苔的石头贴面里流出。当你漫步在山坡花园里，尽管未必沿着它的中心轴线，也能看到身旁有水流蜿蜒而下，形成一系列引人注目的溪流和水池，并最终流入花园底部巨大的方形水花坛。

对斯图尔特·史密斯而言，位于兰特庄园底部的水花坛被就像一个祭坛，“这是一个为神设置的圆盘，是对天空的献祭”，当提议将一个巨大的方形水花坛作为布劳顿庄园台地景观的核心要素时，这个想法浮现在他的脑海中。据他说，在兰特，自然才是主角，而非人类。当你一边沿着花园向下走一边欣赏风景时，会发现在这个景观元素多样、每一级台地都会有惊喜的场所中，倒映着白云的水花坛是一个宁静的中心。为游客提供多样性的体验是兰特庄园带给人的乐趣之一。

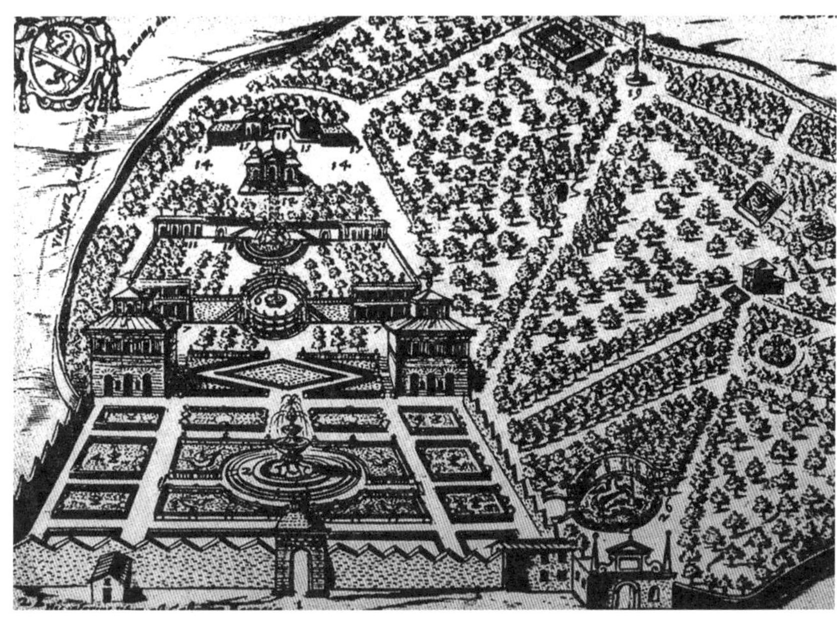

兰特庄园里这个与世隔绝的16世纪花园依山势而建，每一级台地都有它独特的几何形状

从布劳顿庄园的航拍图可以看到在占地141.75公顷（350英亩）的牛津郡庄园的外围环绕着由不规则的条纹、点和曲线拼接而成的图案。直线是耕地上平行的犁线，点是树木，长长的曲线是蜿蜒的索尔溪（Sor Brook），它向东南方向流淌几英里后汇入泰晤士河。在科茨沃尔德（Cotswolds）边缘的田园风光里，可以清晰地看到两侧种植树木的长长的入口车行道、庄园的屋顶，以及一个离庄园有一定距离的巨大矩形区域——斯图尔特·史密斯的围墙花园，花园里被进一步细分为长方形和正方形，俯视观察还能看到其中的曲线。

1992年，布劳顿庄园被它现在的拥有者买下，新拥有者和他的主管园丁计划在庄园旁边开发了一系列传统的英国园林：一个结节花园、一个黄杨木花圃和两排四季常青的树木边界。作为园林扩张计划的一部分，他聘请斯图尔特·史密斯以传统方式设计一个新的花园——围墙花园。这个围墙花园保持了古老的景观形态，这种形态从古地中海文明时期的园林到欧洲中世纪的城堡和修道士的园林，再到意大利现存的16世纪建造的台地园林，都有迹可循。凡尔赛宫里与外界隔绝的围墙花园“国王花园（Potager du Roi）”，始建于17世纪路易十四在位时期，园中种有10.125公顷（25英亩）的果树和蔬菜。

在英国，围墙花园通常被用来保护植物免受风吹——尤其是食用类植物，由于其实用性胜于装饰性，所以它们通常离房屋主体较远。即便如此，当斯图尔特·史密斯知道自己的任务是在布劳顿庄园建造一个远在房屋视线之外、与房屋没有显著联系的花园时，还是感到些许惊讶。此外，与英国大多数的围墙花园不一样的是这个花园建造在山坡上，沿花园的长向有接近3米（10英尺）的高差变化。

这是斯图尔特·史密斯的第一个大型私人花园设计委托，尽管因个人阅历、教育背景和设计经验的限制产生了种种困难，但他做好了充分准备去面对问题。年少时，他的父母允许他在花园里打发时间，于是他把所有的零花钱都花在了植物上。他学习景观设计的热情，是在与两位著名的设计师——兰宁·罗珀（Lanning Roper）和杰弗里·杰利科（Geoffrey Jellicoe）——交流的过程中产生的。自斯图尔特·史密斯1998年正式将自己的设计付诸实践以来，他在伦敦一年一度的切尔西鲜花展上赢得了多个最高奖项，从此名声大噪。

此外，他在园林史方面非常好学，他个人对兰特庄园的深刻认识促成了布劳顿庄园设计过程中许多关键元素的产生。兰特庄园的规划启发了他在陡峭的山坡上建造一个围墙花园的手法，兰特庄园的花园里的水花坛激发了斯图尔特·史密斯创作大型水池的灵感。兰特庄园还提供了另一个设计概念：斯图尔特·史密斯效仿带有狭长水槽的石制红衣主教餐桌，为水池设计了一条石制的直线形供水细槽。

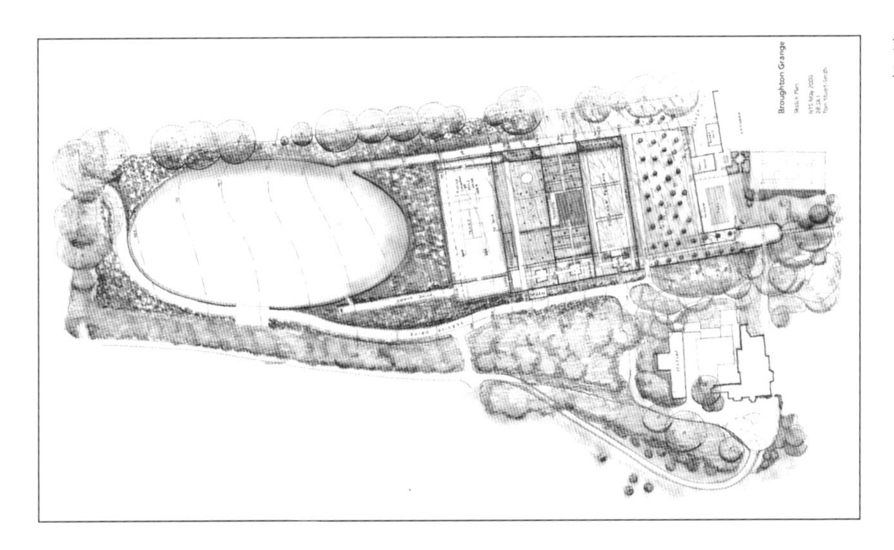

汤姆・斯图尔特・史密斯为布劳顿庄园围墙花园手绘的平面图，图中展示了花园和房屋的关系

当斯图尔特・史密斯设计布劳顿庄园的这个水景元素时，他想起了兰特庄园里的红衣主教餐桌

福德修道院（Forde Abbey）里这个结构清晰的长方形鱼池可以追溯到中世纪。这样的鱼池为斯图尔特・史密斯设计景观鱼池提供了创作灵感

布劳顿庄园的田园景观包括远处许多被树篱围起来的土地

从兰特庄园顶层的花园入口开始，人们会先经过布满青苔的田园，最后到达底层柏拉图式几何状的水花坛，而在布劳顿庄园，斯图尔特·史密斯将自己的一系列景观规划在三块宽阔的台地上。在围墙花园的第一级台地上，人类通过良好的园艺管理控制自然（那里还有一个温室），接着向下走来到花园的第二级台地，会发现这里的景观不再那么一板一眼，漫步到花园的第三级会看到这里用一个与众不同的黄杨木花坛展现了抽象的自然。离开规则式庭院后，游客会先步入相对简单的整型树花园，最后步入外部的场地。

斯图尔特·史密斯设计的三个长方形台地尺寸相同，且都被进一步细分为三个正方形。每个台地里混合种植了各种植物，即使在冬天或者深秋、树木季节性凋零时，也能被观赏到美景。与兰特庄园一样，每一级台地都有引人注目的别致景观。

布劳顿庄园的游客通常从顶层的温室附近开始参观，这个位置较高的台地的创作灵感来自地中海景观，台地中配置了能够充分排水的土壤，与这里茂盛的抗旱植物完美匹配。一条溪流将其中两个台地分开，这条狭窄的水道让人们想到在气候更温暖区域的传统园林。在这些台地里，劲瘦（以有点拟人的说法来说）的爱尔兰紫杉以略微倾斜的角度从四季常青的树木中脱颖而出。最东侧的苗圃里种植着苹果墙树，这是能够体现花园园艺水平的例子。在航拍照片里清晰可见的曲线结构是穿过这个台地的弯曲小径，游客和园丁都能以此更靠近植物。可以感觉到斯图尔特·史密斯想让这条小径既有趣，同时也兼具实用性。

中心水池所处的中间台地，种植了茂盛高挑的草和四季常青的树木，就像一个繁茂而湿润的大草原，据说这里的土壤比别处更肥沃。这一级台地上，斯图尔特·史密斯试图在原始的自然种植和严格的几何学之间寻找平衡。除了方形水池，地面上有秩序的石头网格图案把这片台地划分成了很多个长方形，每个长方形中种植了一棵经过整形的山毛榉，圆柱形的躯干上顶着圆圆的头，就像儿童玩具箱里木制人偶的放大版。水池的一侧是花园中唯一的一片休憩区。

从这个区域可以看到远处山坡。这些山坡被绿篱划分成不规则的形状，这使斯图尔特·史密斯想起了他童年时看过的英国景观——被成行的树篱划分的起伏地势。这个场景对斯图尔特·史密斯而言是如此印象深刻，因此他说服花园的拥有者只保留两面花园围墙，这样就能从花园里观赏到这片土地。

在斯图尔特·史密斯围墙花园最高层的台地上，常青的紫杉木凸显了开花常青树木的存在

汤姆·斯图尔特·史密斯的铅笔稿表现了布劳顿庄园围墙花园里不同的几何形式

通过显微镜观察叶片结构，汤姆·斯图尔特·史密斯将庄园周围的水曲柳、山毛榉和橡树的树叶结构作为最低一级台地上黄杨木花坛的灵感来源

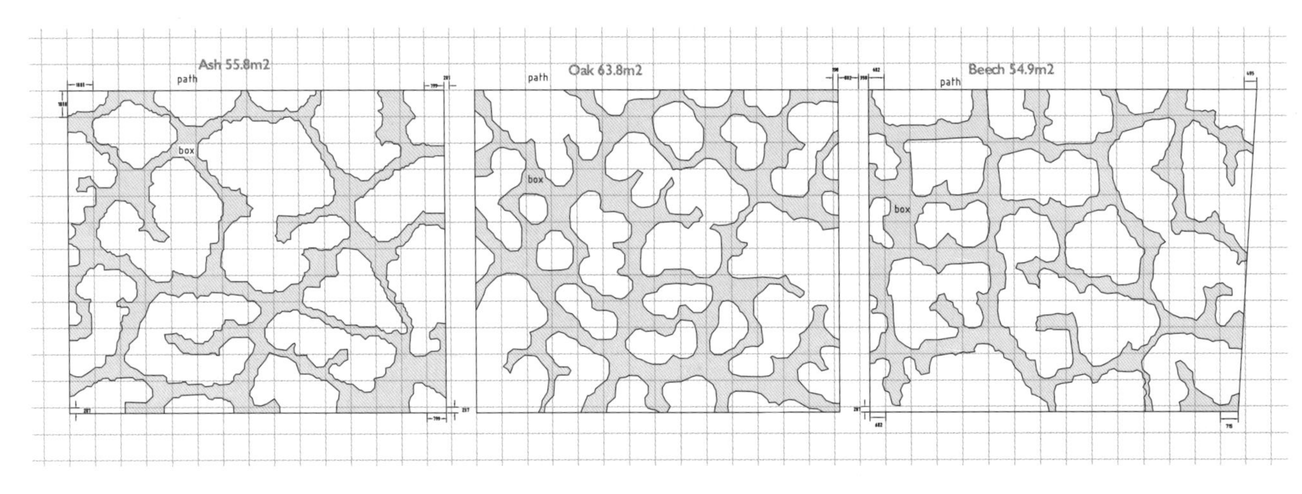

树叶的微观图像展现了它们的结构，斯图尔特·史密斯在布劳顿庄园的黄杨木花坛的设计灵感正是来源于此

斯图尔特·史密斯还对一个主题很感兴趣，这个主题与这里的景观是一种若即若离的关系，这个想法激发了他对第三个、也是最低一层台地的设计概念：用人眼不可见的自然图案在土地上进行创作。将花园附近的水曲柳、山毛榉和橡树的树叶放大10000倍，它们的叶脉所呈现的图案就是斯图尔特·史密斯在三个独特的黄杨木花坛中运用的布局形式，每个花坛模拟了一种叶片的结构。这里因此成为了花园里和自然联系最紧密，但也是最抽象的部分。

透过斯图尔特·史密斯的山毛榉树笼，可以看到黄杨树花坛分布在各处

冬天，冰霜装饰着花园，黄杨木组成的叶脉结构更为清晰可见

早晨的太阳将黄杨木花坛里晚夏的草照耀得更为醒目

围墙花园朝南的台地下方是整型树花园，栽有20棵紫杉，每棵约2.4米（8英尺）高、1.8米（6英尺）宽。这些树大部分是圆形树冠，部分是球形树冠。这种修剪方式是一种古老的传统，在詹姆士时代的花园里也能看到。但是这里的树呈现一种更现代的景象，因为它们并没有按直线或网格进行种植，而是营造了一种吸引人的空间，孩子可以在这些绿色的“巨人”间玩耍。

在斯图尔特·史密斯的脑海里，这些特意以随机方式种植的高大常绿树，远远不只是为了装饰。它们既是一种具有几何形态的抽象化树木，同时也连接了围墙花园和外面的自然景观。作为一名设计师，史密斯的专注度让他的作品足以与其他已有的园林相提并论，比如在场地上运用几何秩序的兰特庄园，以及18世纪英国建造的更为自然的田园式景观。

巧合的是，距布劳顿庄园16公里（10英里）并与其远眺同一条河流的是位于罗珊姆（Rousham）的威廉·肯特（William Kent）的18世纪早期园林，这也正是斯图尔特·史密斯最喜爱的英国园林。他曾写道：这个园林是正式和非正式元素的混合体，体现了“与我所知的所有古典园林截然不同的精巧组合。”

汤姆·斯图尔特·史密斯在布劳顿庄园的最终目标是：将园林正式性和非正式性、园内围合的微观自然景象和园外宏观景色进行协调并置与组合。基于他在赫特福德郡——在那里他将自己的谷仓花园（Barn garden）作为园艺设计的实验场——作为终生园艺师的经历，以及多年来对古典园林的理解，史密斯将自己对围墙花园的所有知识都用在了布劳顿庄园。汤姆·斯图尔特·史密斯工作室的一名资深设计师库罗什·戴维斯（Kurosh Davis）这样形容：“这些理念在他的脑海里已经存在了很多年，突然间，他有了实现的机会。”

在开满鲜花的黄杨木花坛之外，可以看到经过细致修剪的高大紫杉和庄园

克里斯蒂娜·坦恩·艾克

CHRISTINE TEN EYCK

卡普瑞休息室花园
Capri Lounge Garden
得克萨斯州马尔法镇
Marfa, Texas
竣工于2005年
Completed in 2005

在设计得克萨斯州马尔法镇外一个新活动场地的外围景观时，克里斯蒂娜·坦恩·艾克的灵感来源于当地的历史、高原沙漠里粗犷的美景，以及她对水资源保护的热诚。

受附近油田管道和农田围栏的启发，坦恩·艾克使用管道和网眼设计遮阴结构。水槽是核心元素，通过高高架起的管道收集屋顶流下来的雨水。金属框里堆满了当地的石块并由此创造了户外空间

在一次沿科罗拉多河穿越大峡谷的木筏之旅中，克里斯蒂娜·坦恩·艾克感受到了自己与水的联系，并将此视为改变人生的经历。作为一名设计师，她致力于赞美水和节约水

作为得克萨斯州当地人，克里斯蒂娜·坦恩·艾克对沙漠并不陌生，并且对水充满热情。她将这种热情追溯到朋友邀请她到科罗拉多河进行的木筏之旅。这个为期7天的旅行成为一次改变她人生、让她开悟的经历。在那次旅行中，坦恩·艾克发自肺腑地感受到自己与水的力量、水的愉悦和水的透明形态之间的联系，自己与大峡谷（Grand Canyon）的当地植被、鸟类相连接，并且与大峡谷悬崖的原始之美相连接。从那时起，她决定努力遵循美国东北部气候条件下水资源利用的限制，努力在工作中体现自己从河流中获得的自然感悟。

坦恩·艾克在得克萨斯州和亚利桑那州设计的一些早期获奖项目颇受民众认可，这些项目以小型圆水池或方形水池著称，其中一些装有可控制的喷雾装置。西班牙摩尔地区（Moorish spain）的花园总是以最少的水量实现高效利用，她从中意识到了自己的过失。因此在这些项目中，她避开了需要额外灌溉的非本土植物，选用更为坚韧的本土植物。她还尝试不同的试验来实现水资源的可持续利用，比如，她甚至使用空调的冷凝水灌溉自己花园里的植物。

坦恩·艾克之所以要高效地利用最少量的水，是受到摩尔人的庭院喷泉的影响，比如这张图片里所示的西班牙赫内宫（Palacio de Generalife）的喷泉

马尔法小城位于德克萨斯州西部的偏远区域，这里的奶牛比人还多，与此同时这里也是艺术家和作家的交流中心

马尔法镇是位于得克萨斯州西部高原沙漠的畜牧之乡，海拔1410米（4700英尺），距最近的机场320公里（200英里）。尽管马尔法镇最初是作为铁路的给水站存在，但火车现在已不再停靠于此。在这个半干旱地区，水是决定性资源。得克萨斯州在2013年经历了历史性的干旱，水资源储量达到历史最低。

马尔法当前的人口规模约为2000人，其中包括农牧场工人、牛仔和一个艺术家社区，这个艺术家社区是在20世纪70年代唐纳德·贾德（Donald Judd）到此之后开始发展的。贾德是一位著名的极简主义抽象派艺术家，他与马尔法的本土景观建立了紧密的联系，于是在这里购置了包括废弃的前美军基地在内的上千英亩土地，作为他和其他现代艺术家作品的展览场所。居住在马尔法社区的还有作家，这个社区拥有自己的公共无线电台、一家专注艺术和设计主题的书店、举办电影播映和音乐会的画廊（马尔法舞厅，位于原先的一座舞蹈大厅里）和几个活跃的艺术组织，大家以此为豪。这个城镇质朴的气质还吸引了一些电影人。

牛仔带着牛群穿过得克萨斯州马尔法镇的高原沙漠景观

这个引人注目的悬挑屋顶是卡普里休息室的入口标识，坦恩·艾克在这里创造了一个生态种植洼地，它会将屋顶上的雨水引向公园里新建的季节性河流。入口廊桥为建筑创造了一个门槛

坦恩·艾克的项目场地曾经是一个停车场

马尔法的气候环境——既指自然气候环境也指文化环境——向坦恩·艾克提出了她最喜欢的挑战：在一个有着深厚历史的干旱地区，创造性地运用本土资源。她的项目场地是一个围绕着新建的卡普里休息室的开放的、缺少绿植的停车场，它属于街对面的雷鸟旅馆（Thunderbird Hotel）的一部分进行开发。雷鸟旅馆是个标志性的一层汽车旅馆，自20世纪50年代起就在这里，2005年时曾翻新过。一本旅行指南将它的新风格形容为“牛仔风”。

卡普里休息室位于曾经的美军飞机修理库，莱克·弗拉托（Lake Flato）建筑事务所将它改建成一个活动空间，为更多的非正式集会提供场地。现在无论是私人活动还是群体活动都会在这里举行，包括婚礼。在这里举行的婚礼，新娘的母亲和伴娘们都会在裙子下穿牛仔靴。在建筑形式上，卡普里休息室后部悬挑的巨大屋顶将室内外空间连接在一起。

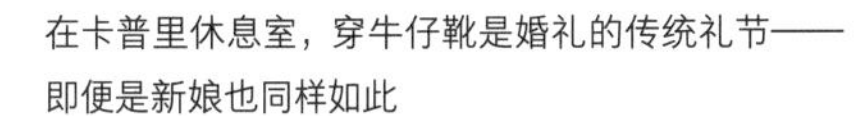

在卡普里休息室，穿牛仔靴是婚礼的传统礼节——即便是新娘也同样如此

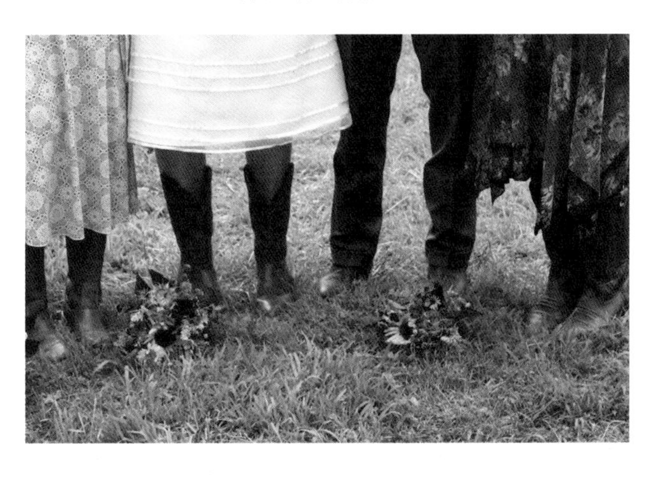

干涸沟壑（Arroyo），也被称为沙漠干河床，是一种间歇性干涸的溪流或河床，有季节性水流流动。在中东地区被称为“干谷”（Wadi）

在美国西南部，沙漠风暴可以将水充满干涸沟壑

坦恩·艾克的任务是把这个贫瘠的停车场改造成一个充满魅力的公园——一个轻松、快乐的场所，她从高原沙漠景观中汲取了种植灵感，从可循环利用的本土物品中获得了材料灵感，从人们对这个场所的活动期盼中得到了设计灵感。虽然坦恩·艾克是一位深思熟虑的、对环境充满责任感的设计师，但她同时也是一个充满乐趣的人，派对场地的设计充分地体现了她的这一面。

在她大部分的设计作品中，水是关键元素。坦恩·艾克总是从奥马尔·特尼（Omar Turney）1929年绘制的一幅地图中寻求灵感。这张地图记录了美国西南部的史前人类自大约公元600年起建造的广阔水渠系统。这张名为《史前灌溉渠》（Prehistoric Irrigation Canals）的地图展示了从亚利桑那州凤凰城和坦佩的盐河（Salt River）延伸出的长达数百英里的水渠，这是美国最大的灌溉系统。这个灌溉系统由霍霍坎人（Hohokam）建造，某些部分的水渠深约4.5米（15英尺）、宽约13.5米（45英尺），自14世纪初灌溉着超过40000公顷（100000英亩）的土地，霍霍坎人因此能够种植玉米、豆类、南瓜和棉花，在此定居生活。

这些水渠是人类在美国西南部为维持社群生存而共同进行大规模人工干预的早期实例，这启发了坦恩·艾克。此外，她还受到了河谷（arroyos）的启发：自然干涸的冲沟变成了季节性河流，并成为山洪暴发时的集水区，即便是在干旱地区，这些冲沟同样是一个隐患。坦恩·艾克喜欢“临时性水元素”这个概念，并说她希望“在水来的路上迎接它”。她常常把河谷作为设计主题，在卡普里休息室的花园里，她设计了弯曲的河谷，巧妙地种植在河谷两侧的树木既是装饰性和启发性的景观元素，同时也起到控制水流的作用。

坦恩·艾克设计了一个喷泉作为卡普里休息室的雨水容器，收集屋顶背面流下的雨水。这个混凝土浇筑的长方形喷泉让人想起牛槽，似乎也借鉴了唐纳德·贾德在城镇外不远处的各种各样的混凝土雕像（坦恩·艾克在其他项目里也使用了类似的喷泉形式，包括在她得克萨斯州奥斯汀的自家花园里）。下雨时，喷泉里的水溢流进水渠里，然后水渠将水引入社区的果园里。

本土草种和其他乡土植物取代了原来的停车场，它们不仅唤起高原沙漠的意象，并且让这块土地变得柔软。图片右侧的篝火区域被遮住了一半，一座架在坦恩·艾克设计的河谷上的桥位于图片的显眼位置

近距离观察横跨在坦恩·艾克设计的河谷上的桥

一根高架的管道将雨水引入水槽，这是卡普里休息室项目里运用工业材料的一个实例

茂盛的沙漠植被环绕篝火区域。这里的座位用的是椅子，而不是巨石

篝火区域之一，这片区域的特点是将顶部平整的巨石作为座椅

对页上图：坦恩·艾克早期的草图表现了她最初的想法。一条注释写道“多使用灌木山茱萸”。自行车停放架从一开始就在她的计划之中

对页下图：这张规划图是以坦恩·艾克代表性的手绘和彩铅风格绘制的，图中展示了她设计的河谷和多样化的聚会场所，包括篝火地。水槽状的喷泉位于场地中央

坦恩·艾克通过另一种花园元素唤起牛仔们围坐在篝火旁的意象原型。她的圆形篝火用当地材料建造，由厚实的铁质边缘和已腐蚀的坚固花岗石构成，部分篝火还以巨石作为座椅。是马尔法周边区域的本地岩石激发了坦恩·艾克建造高大的石笼墙的灵感：她制作了巨大的长方形金属网笼，然后在网笼中填入当地浅沙漠色的石块。这为公园提供了特殊的肌理和些许乡土意境，也为她的空间营造了一种围合感。

坦恩·艾克形容这片区域是“粗糙的美感”，顽强地生长在这里的茂盛乡土植物构成了一种生存景观。在她看来，马尔法镇周围一望无际的草地尤为动人，因此她希望通过本土草种来增强花园与外界景观之间的联系。在花园河谷里，她将鼠尾粟属和乱子草属植物作为主要草种，在干旱一点的地方则使用蓝色格兰马草。在这里使用的其他乡土植物有丝兰、大果栎、三叶十大功劳、龙舌兰和得克萨斯山桂。

或许花园的功能才是坦恩·艾克最大的灵感来源。人是需要社交的，她发现即便是勤劳的古代霍霍坎人也不总是一直操劳于维持他们规模庞大的水渠系统。他们会举行盛大的部落聚会，将各年龄段的人们汇聚一堂共庆佳节。坦恩·艾克通过卡普里休息室的花园景观中延续了这样的部落精神和庆祝活动。

用石块和植物围合而成小果园呈岛状。周围的宽敞空间可以用来跳舞

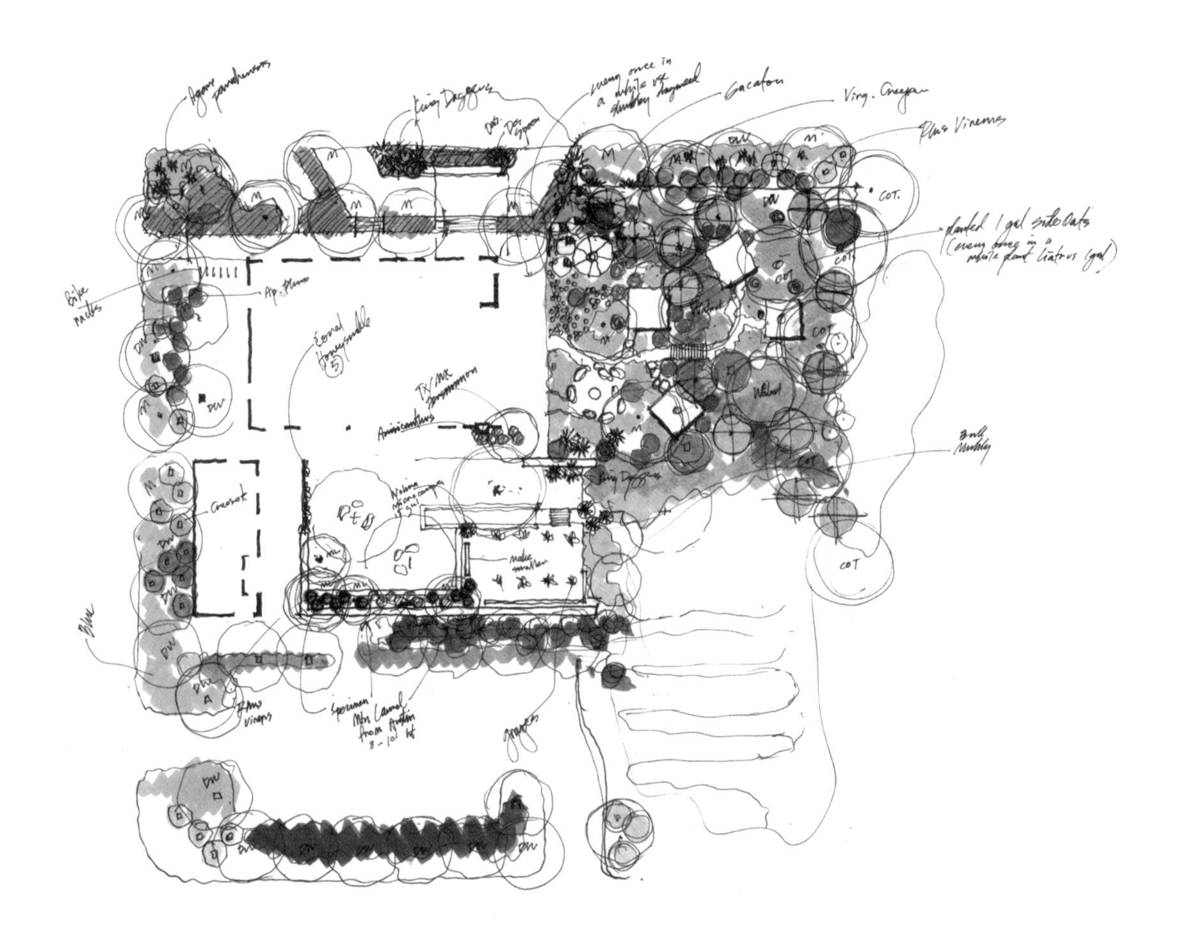
Virg. Creeper
COT
DW
Blue

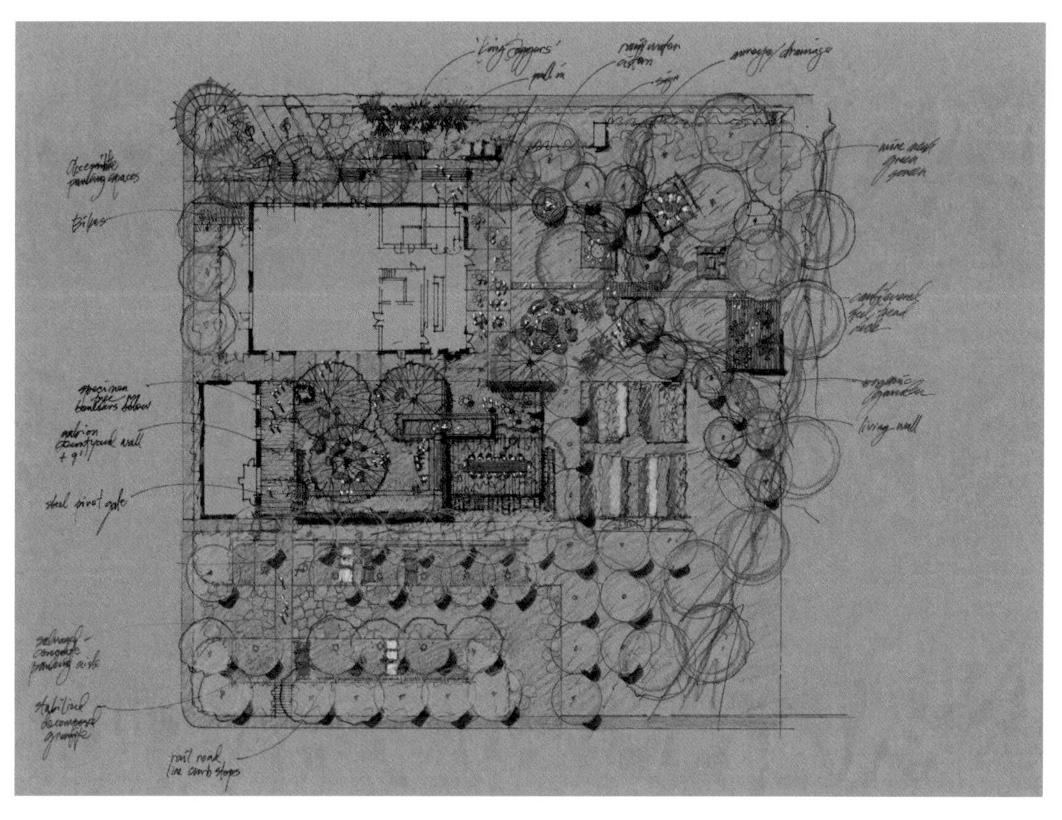
bikes
steel pivot gate
organic garden
living wall

上山凉子

RYOKO UEYAMA

丝路花语公园
Kitamachi Shimashima Park
日本埼玉县
Saitama, Japan
设计于2003年
Designed in 2003

在寻找“场地记忆”的过程中，上山凉子发现她的公园场地正好位于日本神圣的富士山和当地筑波山之间的连线上。这种看不见的联系让上山凉子感觉很神奇，并激发了她的设计灵感。

用日本草坪草和早熟禾草地组成的条纹形状遍布丝路花语公园，条纹一直延伸进花岗岩铺装里。日语中的“Shima-shima（缟缟）”即指条纹

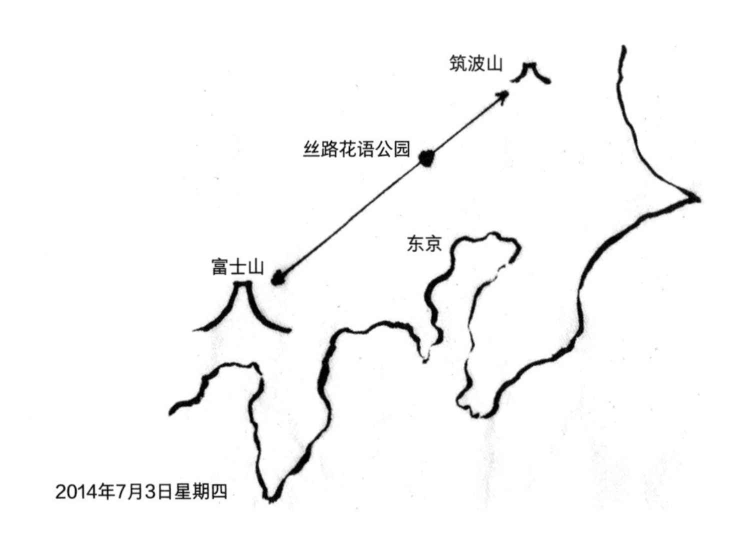

丝路花语公园正好位于富士山和当地筑波山之间的连线上，这种看不见的联系让上山凉子感觉很神奇，不但激发了她的设计灵感，还以此为公园命名。

2003年，上山凉子受委托设计一个位于埼玉县城郊的社区公园，这片狭长的场地被道路三面包围，并被另一条道路从中间一分为二。场地北侧是一座多层的购物中心和一座大型的高层公寓综合体。上山凉子说，第一次看到这片场地时，她敏锐地感觉到这片场地就像被周围的高层建筑“挟持”了一样。因此她自己的目标是克服场地本身的限制，设计出一个“引人注目且独特的”场所，一个将会成为当地社区核心的场所。

就像在每个项目中通常所做的一样，上山凉子为了寻找她所说的“场地记忆”，不仅调研场地，还对该片区域进行了研究。她的研究发现最终促成了这个新建公共公园的独特设计元素。

通过调研，上山凉子发现她的场地正位于富士山（日本最高、最受崇敬的山）和附近的筑波山（Mount Tsukuba）（有时被称为“当地的富士山”）的连线上。筑波山是众多传说和诗歌的源头，它因其双峰和可以俯瞰周围低地与平原的全景而闻名，天气晴朗时，还能在筑波山远眺富士山。

对页上图：神秘又备受尊崇的富士山是日本的象征

对页下图：天气晴朗时，游客可以在筑波山远眺富士山，上山凉子认为项目场地和这两座山之间联系是幸运的，并且是吸引人的

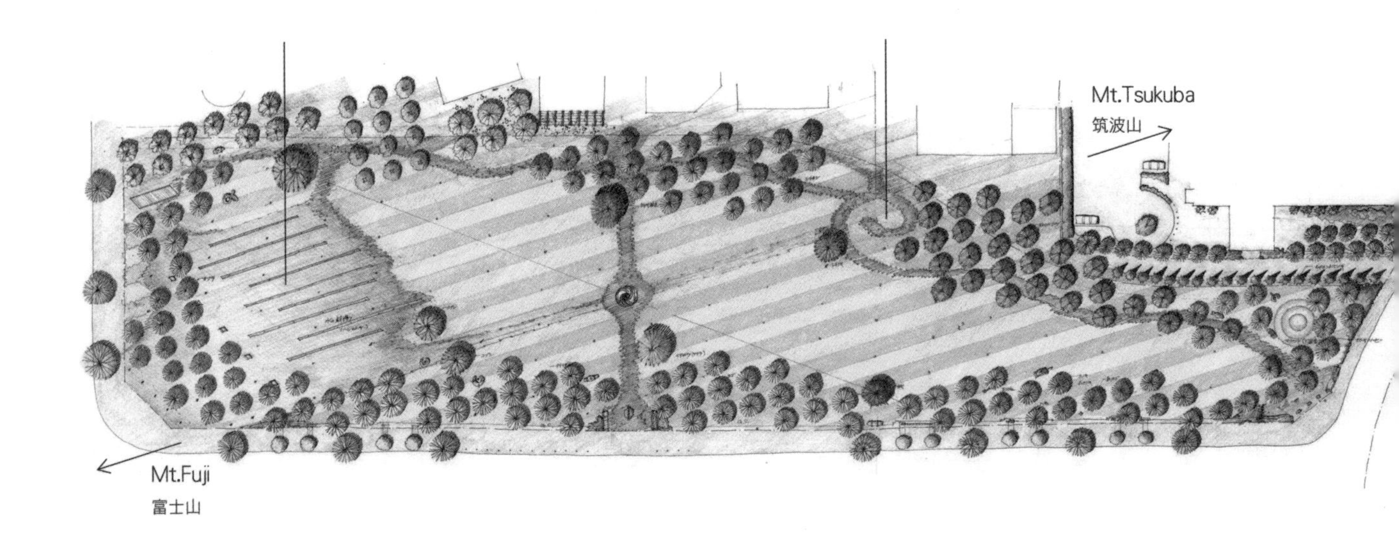

上山凉子绘制的丝路花语公园平面图展现了条纹状的草坪和广场铺装上的条纹图案，这些铺装里还设置了喷泉功能。她还在平面图上标注了富士山和筑波山的方向

从埼玉县坐火车一小时之内就能到达东京站，埼玉县是大东京区域内不断发展的主要商业中心和城郊中心。埼玉县是2001年时由三个原有的城市合并而成的，虽然规模扩张后的埼玉县历史较短，但这片区域本身历史悠久，日本现存最古老的8世纪的诗歌集就曾提及这里。

上山凉子自项目之初就开始寻找能够激发她创作的启示，她说，“这是我的指导原则：如果你的观察足够深入，就会发现每一块土地上都有成千上万的记忆。如果你在这里挖个洞，深入其中，就能看到地层，以及人类的历史。”

她把自己练就的洞察力归功于加利福尼亚的景观设计师劳伦斯·哈普林，1978年上山凉子获得加利福尼亚大学伯克利分校景观设计系的硕士学位，那时哈普林在那里任教一门特别的课程。她跟随哈普林在加利福尼亚北部的海洋牧场（Sea Ranch）进行了为期一周的工作坊学习，从中懂得了为何一个历经70年的当地谷仓“能被尊为一种激励人心的事物，成为传递时间感、空间感的”景观。哈普林教会她关注那些过去的元素，并思考它们激发设计灵感的可能性，这些理念影响了上山凉子回到日本之后的所有项目。

“我恍然大悟，”她这样描述从哈普林身上所学到的，“从此懂得聆听大自然的声音。”她认为是她的美国老师，而非她在日本受到的古典园林熏陶，使她成为一个具有个人特色的景观设计师。

然而现在，她说她发现自己“在回家的路上”，开始表达作为自身“文化基因”一部分的日本传统和日本美学。很显然，这在她的丝路花语公园中表现得尤为突出。

上山凉子认为，发现项目场地与富士山和筑波山之间的轴线关系就宛如一种“神圣的宣言”，她在设计中努力寻找一种方式来表现这种联系，她得出的答案最终成为这个公园最为标志的元素：布满整个场地的平行于两山轴线的条纹图案。将日本草坪草和早熟禾草地以大约3米（10英尺）宽的条纹在公园大部分区域里交替种植，从而给场地创造出一种与众不同的特性和感觉。

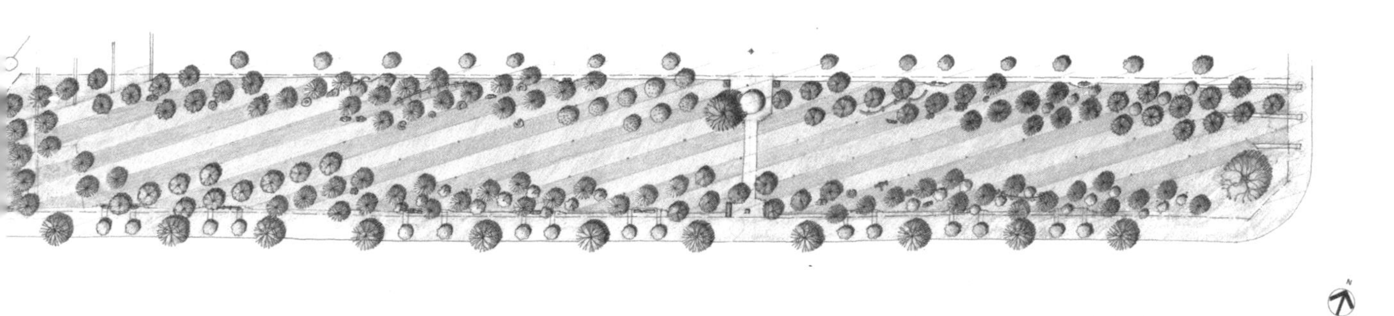

海洋牧场是加利福尼亚州索诺玛县（Sonoma County）一个经过规划社区，这里的建筑灵感来源于低调的农业构筑物，劳伦斯·哈普林试图将这里的建筑和自然景观融为一体

这张鸟瞰图展示了公园内丰富的条纹图案

这块线性场地的面积大约为1.62公顷（4英亩），东西跨度约480米（1600英尺），南北跨度大约为24～48米（80～160英尺）之间。上山凉子在这个公园里沿富士山—筑波山轴线成群种植了许多树木，既突出了公园图案，也柔化了地面上笔直的几何形状。正是这些树使这里更像是公园，而不是大地艺术。公园西侧入口的广场以花岗石铺装取代了草坪条纹。上山凉子强调说，这些条纹图案除了引人注目之外，还有重要的设计功能：显眼的斜线能使原本狭长的场地显得更宽。

虽然公园里的几何状地面会不禁让人联想到美国景观设计师丹·基利和彼得·沃克的作品，但上山凉子的这个作品无疑是在传达日本精神：公园里以碎石铺成的条纹图案取自几百年前为冥想区域设计的图案，是日本美学传承的重要组成部分。最著名的枯山水园林——龙安寺（Ryoan-ji）建于15世纪，直至今天，寺里的僧侣还在耙理这样的条纹图案。

与龙安寺以及其他佛教禅宗寺庙中枯山水园林的设计者不同的是，上山凉子的目的是创造一个生机勃勃的交流场所。但是，她仔细地考虑了如何配置各种景观元素，就像在传统寺庙花园的砾石上置石一般严谨。这些元素包括一个土坡和遍布场地的石制雕塑长凳，这些长凳背后都有各自的故事。

上山凉子通过查阅场地的历史找寻场地记忆，她了解到这个位于日本关东平原（Kanto Plain）中心位置的公园，是绳纹时代人类的古老居所，10000多年前人类在这里打猎、捕鱼、收集野生植物，他们以独具特色的陶器而闻名，这种陶器用结绳在湿润的黏土上装饰出线条图案，这也是世界上现存最古老的陶器。

在参观当地博物馆的过程中，上山凉子看到了一个迷人的绳纹艺术品，并从中获得特别的灵感。这个艺术品是在5000多年前由陶土制成的乌龟形状的乐器，上山凉子把它形容为“有着外星人的脸，背部有独特的条纹”。她认为这是一个“来自过去的信使”，告诉她要如何设计这里的景观。

上山凉子对这些条纹印象深刻，同时认为乌龟是一种“幽默而暖心”的小生物，这也是她希望自己的公园设计可以同时拥有的两个品质，因此她让一个同事把卡通化的绳纹乌龟设计成游乐园的指示牌。

日本的枯山水园林，比如龙安寺，以及枯山水园里倾斜的砾石，似乎对上山凉子的公园有微妙的文化影响，这种影响可能是无意识的

这个绳纹时期的乌龟状乐器启发了上山凉子

受绳纹时期的陶土形象启发，乌龟成为了公园的指示牌形象

这个绳纹壶表面的独特纹路是趁陶土还湿的时候用结绳缠绕而成的

在当地一家博物馆研究了早期绳纹陶器和珠宝之后，上山凉子在公园设施中采用了其中的一些形式

在博物馆里，绳纹时期的耳环、项链以及其他首饰的造型引起了上山凉子的关注。她着迷于这些有数千年历史的物件，因此将长凳设计成绳纹艺术品的形状。这些长凳随即就变得好玩且实用起来，不仅能作为座椅，还是儿童喜爱的攀爬物。虽然它们的形状各不相同，但大部分都有柔和、起伏的特质。

在公园西侧入口旁边的花岗石条纹广场上布置着成行的喷泉，喷泉排列的方向与草坪和铺装的几何图案相一致。在上山凉子丰富的想象力中有一个令她欢乐的想法：35个能喷射拱形水柱的喷头是一群“跳跃的青蛙”。

丝路花语公园的日文字面意思是北城区的条纹花园，这个名字也反映出埼玉县位于日本首都东京的北面。但日语词汇“Machi（町）”还具有“城区中心”的意思，意味着这里会有各类活动和人：是一个充满联系的场所。就上山凉子对于这个原本不讨人喜欢的场地的期盼而言，公园的名字是恰如其分的：预示着这里将会成为一个独特的、引人注目的、受欢迎的场所。我们在一个晴日里一同参观这个公园，可以看到喷泉像青蛙一样跃动着，条纹公园里人头攒动，那天上山凉子的脖子上围了一条轻柔的丝质围巾，围巾上有着黑色和金色的宽条纹，这一切也许都不是巧合。

孩子们将这些长凳作为玩耍的场所

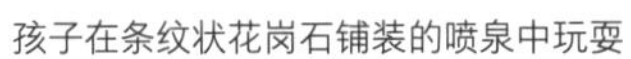

孩子在条纹状花岗石铺装的喷泉中玩耍

上山凉子把喷射状的喷泉形容为跳跃的青蛙，图片所示是晚上的场景

在丝路花语公园时，上山凉子围着一条条纹围巾

好玩的公园家具既可以坐也可以攀爬，它的创作灵感来源于绳纹时期的陶器形式

金·威尔基

KIM WILKIE

鲍顿庄园的俄耳甫斯
Orpheus at Boughton House
英格兰北安普敦郡
Northamptonshire, England
设计于2007年
Designed in 2007

英格兰南部古老的土垒是金·威尔基设计鲍顿庄园时最初的灵感来源。他把运河两侧的两个大地艺术作品想象成著名希腊神话中的俄耳甫斯与欧里狄克（Eurydice）。

从这个角度可以看到金·威尔基的俄耳甫斯是一个分为两部分的景观作品：一个人工开挖出的阶梯状地形和一个象征着黄金矩形的雕塑元素。他的作品与一座有300年历史的山丘隔河相望

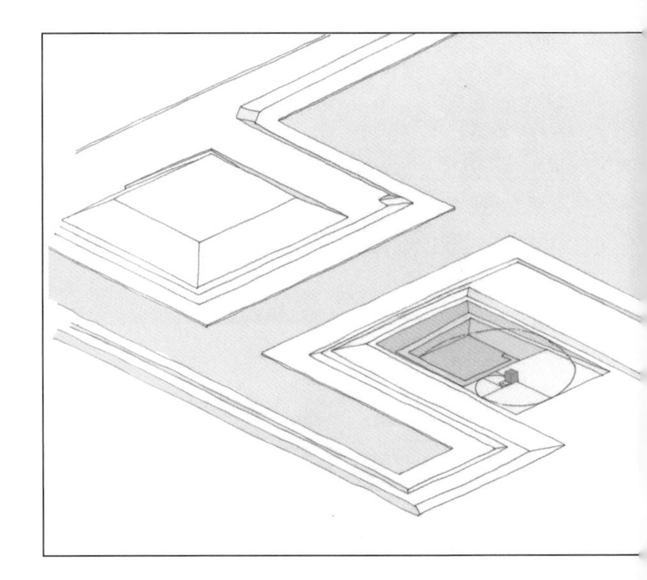

场地上的古老山丘需要一个新地形与之互补，威尔基的轴侧草图回应了这个要求

2006年春，金·威尔基被邀请到东米德兰(East Midlands)的鲍顿庄园，在那里，他看到了一片地形微微起伏的田园景观，在别墅附近的平地上有一个花园遗迹：里面有废弃的水渠和由250年历史的树木组成的林荫道。他后来的项目委托人理查德·斯科特那时还是达尔基斯（Dalkeith）伯爵，斯科特要与他讨论一个不同寻常的项目：设计一个21世纪的景观来呼应这个已有300年历史的山丘。

是威尔基特有的背景、经历和情感，让他那天能够从鲍顿庄园获得创作灵感。他在马来西亚和伊拉克度过的童年让他的思维开放、痴迷于金字塔神庙和古老两河流域，并且迷恋一切神圣和神秘的事物。威尔基在牛津大学取得的历史学学士学位和在加利福尼亚大学伯克利分校接受的景观设计学硕士教育，让他尤为喜欢历史景观，尤其是古老的大地艺术——那些通常出于保护或宗教目的而建造的古老堡垒和高地。在他看来，历史景观唤起人们对当时文化、记忆和集体人类精神的追忆。

然而，在这里应该建造什么样的大地艺术才能与山丘产生联系？因为要当场提出设计理念，和委托人站在一起的威尔基倍感压力。正如他回忆的那样，“在场地上最让人激动的是前五分钟，因为那时你的直觉最为敏锐，也最有可能被一些东西触动。”在当时的情形下，威尔基所说的情况确实发生了。威尔基告诉他的委托人说，“在这里，下沉应该会比上抬更有趣”。威尔基打算设计一个倒置的对应物，并设计一条蜿蜒的小路伸向地下，而不是建造另一座山来形成互补。

对页上图：古老的山丘激发了威尔基的好奇心，如英国威尔特郡（Wiltshire）的西尔布利山（Silbury Hill），这是欧洲最大的人造山

对页下图：威尔基对英国古代山丘的崇敬促使他在自己汉普郡的农场上建造了一座小山

相对于威尔基创造的精致园林构图而言，远处的北安普顿乡村就是一种农业陪衬

鲍顿庄园是北安普顿的一座庄园，位于伦敦以北约123.2公里（77英里）的地方，这里有足够的空间容纳成千上万只牧羊，自1528年起，这里就是蒙塔古（Montagu）家族及其后裔巴克卢（Buccleuch）公爵和昆斯伯里（Queensberry）公爵居住的庄园。这处财产在17世纪被拉尔夫·蒙塔古（Ralph Montagu）继承，他曾担任接待路易十四的大使。当他从凡尔赛宫回来后对鲍顿庄园进行了翻修，以期能让法国国王感到宾至如归。蒙塔古受庄重的林荫道和安德·勒·诺特在凡尔赛宫的轴对称花园的启发，随即对庄园原有的景观进行了修改。

在随后的三个世纪里，鲍顿庄园很少被人使用也少有整修。主人离开后，这座园林陷入了沉睡，它简洁且受法国风格影响的几何形式完整地保存下来，并被世人所遗忘。在金·威尔基看来，这正是最好的地方。就像他解释的那样，正是因为这个家族的离开，使得他们的庄园定格在18世纪早期一个“令人惊异的瞬间”，那时的英式园林正在从法式的花圃和花卉种类中脱离出来，仅仅保留了17世纪园林的结构和形状：几何平面的水镜、雕塑般的地形，以及用树木组成的有力线条，这些元素都向远处的农田开放。

对鲍顿庄园而言，这个令人惊异的瞬间保持了两个世纪之久，因为这个家族在18世纪中期住在别处，所以他们并没有像当时的其他英国庄园主一样享用万能布朗（Capability Brown）的服务。如果布朗经手了这庄园，那么他会移除鲍顿庄园里17世纪的景观要素，重新建造一种非正式感的景观。所以在鲍顿庄园，原先规则园林的历史遗迹并没有被消除，而是保留到了21世纪，并且随着时间变得愈加郁郁葱葱和柔和。

历经长期的衰败之后，鲍顿庄园的老水渠被修复回它们18世纪时的样子

金·威尔基第一次来到这个场地的时候，这个古老的山丘被树木遮盖着

早春的某一天，当金·威尔基和庄园的主人站在这片景观的中央思考这次的设计任务时，园林的部分整修工作已经开始了。绵延几英里的成行栽植的树林已经消失，其中一些树木在第二次世界大战期间被砍作柴薪，但剩下的成片椴树被照料得很好。虽然水渠有所损坏，但是仍旧清晰可见，并且水渠里大量的淤泥已经被清理。“宽水面（The Broad Water）”是一个人工开挖后通过水闸储蓄起来的巨大长方形湖泊。附近还有一个引人注目的古老山丘，边长约60米（200英尺），高约7.8米（26英尺），完全被高大的树木所覆盖。然而它别具特色的形状仍然清晰可辨，就像一个低矮的平顶金字塔。山丘外围靠近建筑的空地就像一张空白的画布，等待着新的景观形式。

这不是威尔基第一次接受这样的挑战。他曾在萨福克（Suffolk）的赫夫宁汉姆大厅（Heveningham Hall）创作过一个引人注目的大地艺术，那是一个由草坪踏步组成的台地。然而那天他在鲍顿庄园更多地想到古老的形式，威尔基最初的设计灵感来源于包括英格兰南部的古老山丘在内的早期人造景观。他研究了威尔特郡和梅登堡（Maiden Castle）神秘的新石器时代的埃夫伯里石阵，梅登堡是多塞特（Dorset）众多铁器时代的堡垒之一，威尔基从中懂得了它们的建造者是如何将土塑造成防御土墙和壕沟的。他还描述了近几个世纪里让他产生特殊共鸣的大地艺术。其中之一是位于萨里（Surrey）的克莱尔蒙特景观花园（Claremont Landscape Garden）里的18世纪的圆形露天剧场，它是用土堆成的，外表覆盖草坪，对面的小湖泊是观赏它的最佳视角。人们从克莱蒙特露天剧场的顶部到达它的台阶，然后拾级而下，这就和威尔基起初为鲍顿庄园设想的一样。自威尔基抵达鲍顿庄园的第一天开始，他脑海中就一直萦绕着将棱角分明的景观形式和蜿蜒的水体融为一体的克莱尔蒙特花园。

威尔基抬头仰视鲍顿庄园的古老山丘，然后在他想象中的大地艺术里勾勒出一条向下蜿蜒的小路，突然间，他将隔河相对的两个大地艺术想象成了希腊神话中的俄耳甫斯与欧里狄克。俄耳甫斯本可以凭借他无与伦比的七弦琴演奏技巧和歌声，从冥王哈得斯（Hades）手中救回妻子欧里狄克，最后却因为他的一次回眸而失去了自己的妻子。参照这个神话的设定，可以把古老的山丘想象成奥林匹斯山，新建的大地艺术是哈迪斯的地下世界，它们之间的运河则是冥河。

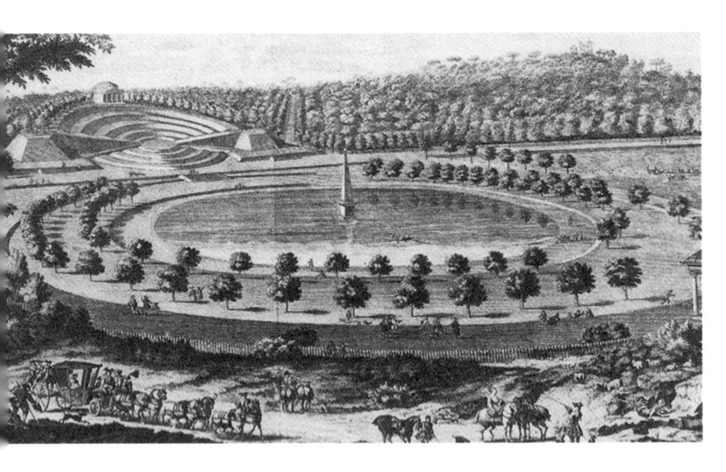

这幅版面上表现的克莱尔蒙特景观花园的圆形露天剧场是威尔基在鲍顿庄园的大地艺术的灵感来源

英格兰多塞特的梅登堡是一座铁器时代的堡垒，配有公元前15世纪建造的防御土墙和壕沟

从克莱尔蒙特18世纪的覆有草皮的圆形露天剧场可以俯瞰湖泊。威尔基设计的俄耳甫斯的斜坡和露天剧场的台阶相似

威尔基的地形形式受俄耳甫斯与欧里狄克的传说启发，游客可以沿着斜坡上下走动

从金·威尔基绘制的示意图可以看出他的大地艺术概念参考了希腊神话。奥林匹斯山是众神之家，冥河是现实世界和哈迪斯地下世界的界线，哈迪斯所在之处是亡灵的居所

对威尔基而言，这个黄金矩形的表现形式象征着世上的生命

对页图：艺术家詹姆斯·蒂雷尔的作品启发了威尔基，比如图片中所示的詹姆斯·蒂雷尔位于亚利桑那州东侧入口的作品“2010罗登火山口（2010 Roden Crater）”

虽然俄耳甫斯与欧里狄克的故事基调阴郁，但威尔基更关注于那些积极的元素。比如传说中俄耳甫斯的音乐就在这里有所体现。夏季，大地艺术的底部会搭建一个平台用作音乐表演。威尔基还提到光线是他创作的重要部分。在没有搭建音乐会平台的时候，大地艺术底部的水面倒映出天空和白云的光线，威尔基感觉这里面蕴含着一种无法言喻的美丽。威尔基在创作这面天空之镜时，灵感来自詹姆斯·蒂雷尔（James Turrell）的空中观景台（Skyspaces），这是一个能够根据游客对空间、光线和周围环境的感知产生互动的观景台。

俄耳甫斯棱角分明的几何形式之所以能够实现，得益于这片场地上的两个自然因素。首先，英国典型的温和天气意味着适合于短茎禾草生长，这使得大地艺术可以始终保持硬朗的线条。第二，当地的蓝色黏质土壤可以支撑陡峭的坡岸。此外，由于英国地理纬度的原因，这个国家的日照特点强化了威尔基作品的阴影效果，尤其是在早晨和傍晚时分。频繁但轻柔的霜更是为作品营造了惊艳的效果。

在威尔基看来，如果没有附加设计一个代表人类世界，甚至是代表人类文明的景观，那么这个由奥林匹斯山和地下世界构成的作品就是不完整的。因此在俄耳甫斯的旁边，威尔基创作了一个基于黄金矩形的作品。他的灵感来自一张古老的地图，地图展示了这个花园18世纪的面貌。威尔基注意到公园的布局遵循黄金比例，这是一个公认的非常和谐的比例。在几何上，黄金分割指一个长方形的长宽比约为1.618：1。为了表达和谐氛围将要再次回到鲍顿庄园的意义，也为了纪念几何规则在从古至今的花园设计作品中的重要性，威尔基在俄耳甫斯旁边直接刻画了一个三维的几何图形。

威尔基最初的设计直觉——深入地下而不是向上建造——最终成为一个具有丰富的叙述性和几何性的作品。金·威尔基从土壤、泥地、光线、神话和音乐中抽取他自己的兴趣和魅力，并为历史悠久的英国景观做出了令人瞩目的贡献。

托马斯·沃尔茨
THOMAS WOLTZ

希尔山庄花园
Hither Hill Garden
纽约蒙托克
Montauk, New York
竣工于2009年
Completed in 2009

托马斯·沃尔茨在蒙托克的住宅设计灵感，来源于罗马16世纪的丽城花园（Cortile di Belvedere）的铰接式建筑组合。沃尔茨还采用了埃德温·吕特延（Edwin Lutyens）设计的藤架，并通过研究格特鲁德·杰基尔（Gertrude Jekyll）的植物列表获得创作园林花圃的灵感。

这个视角展示了复合的泳池区域，其中包括结合长凳的矮墙，由石头和木头构成的藤架，以及一些受杰基尔启发的乡村花园植物，图片右下角可以看到项目轴线变化的转折点

业主和他的设计团队第一次在蒙托克项目场地碰面时，他们试图确定房子、游泳池和游泳池配套用房的选址，但这是一个复杂的问题，因为这个位于海边的房产面临多项挑战：它南部的边界与海岸线成一定角度，所处的坡度和山脊构成一种奇怪的地形。如何将各种项目元素妥帖地安排在场地上成为一个难题，因此业主聘请托马斯·沃尔茨解决这个难题。托马斯·沃尔茨乍现的灵感来自于铰链的意象。

沃尔茨在转行从事景观设计之前，一直接受的是建筑学教育，因此他熟知从室内硬件到建筑平面设计的各种尺度的铰接方式。他对多纳托·布拉曼特（Donato Bramante）位于罗马的极具影响力的16世纪的丽城花园非常熟悉，丽城花园衔接了两个原有建筑——瓦蒂文宫（Vativan Palace）和丽维达别墅（Villa Belvedere）。布拉曼特运用两条狭长的、并不完全平行的柱廊构成庭院，并使用一系列引人注目的阶地和纪念碑式的台阶作为连接建筑的铰点。

沃尔茨脑子想着布拉曼特，画了一张粗略的场地规划图，以展示在蒙托克如何将园林景观作为轴心点，对主体建筑、游泳池和游泳池配房构成的复杂组合进行衔接。这两组建筑的排布方向将会顺应场地中原有的两条山脊，呈现较大角度的分离。

不同于那种用花园围绕房屋的典型方案，沃尔茨的方案将花园和草地置于场地中间。最终的规划平面图将建筑设置在两条山脊上，而台地花园、挡土墙、台阶和步道成为主体建筑和游泳池组团之间的连接装置，建筑师基于这个规划进行建筑设计。

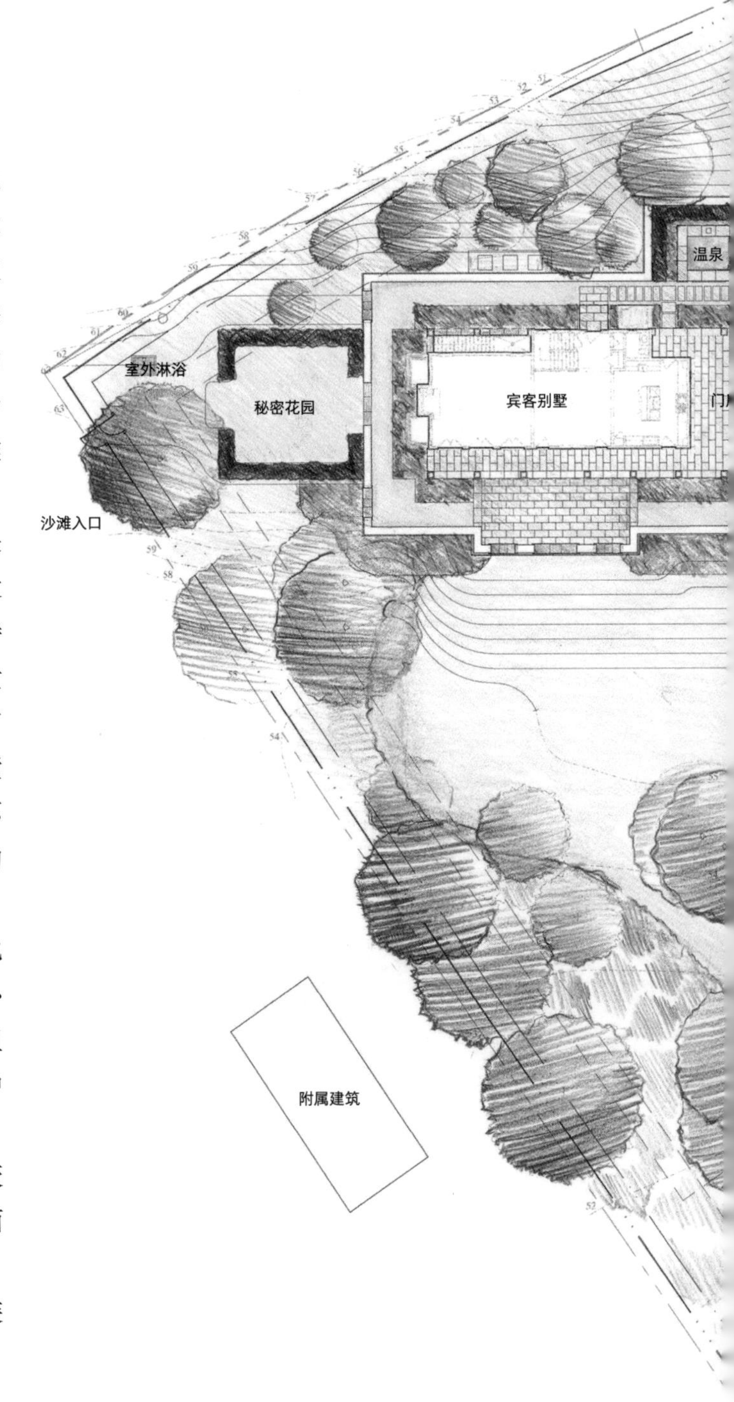

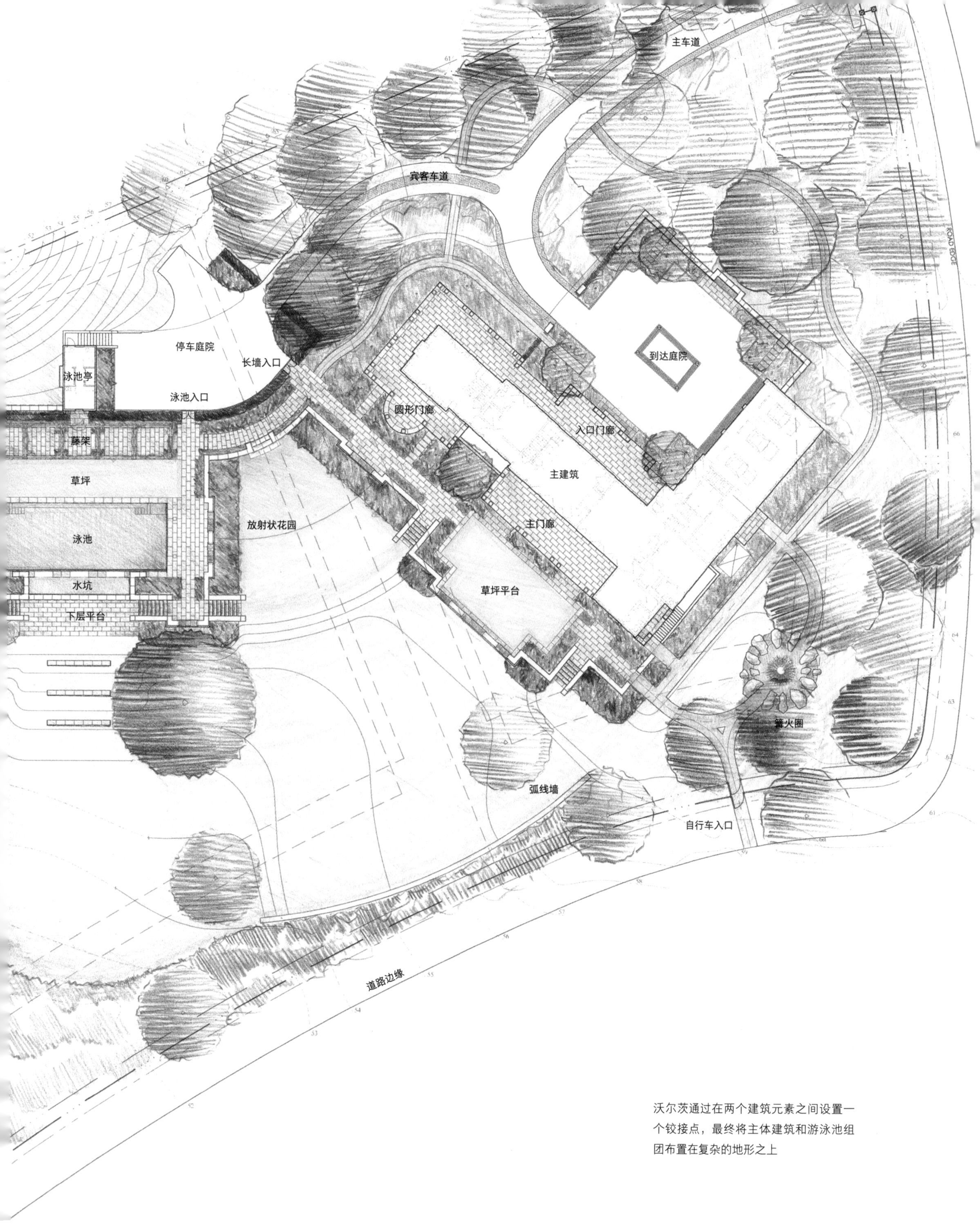

沃尔茨通过在两个建筑元素之间设置一个铰接点，最终将主体建筑和游泳池组团布置在复杂的地形之上

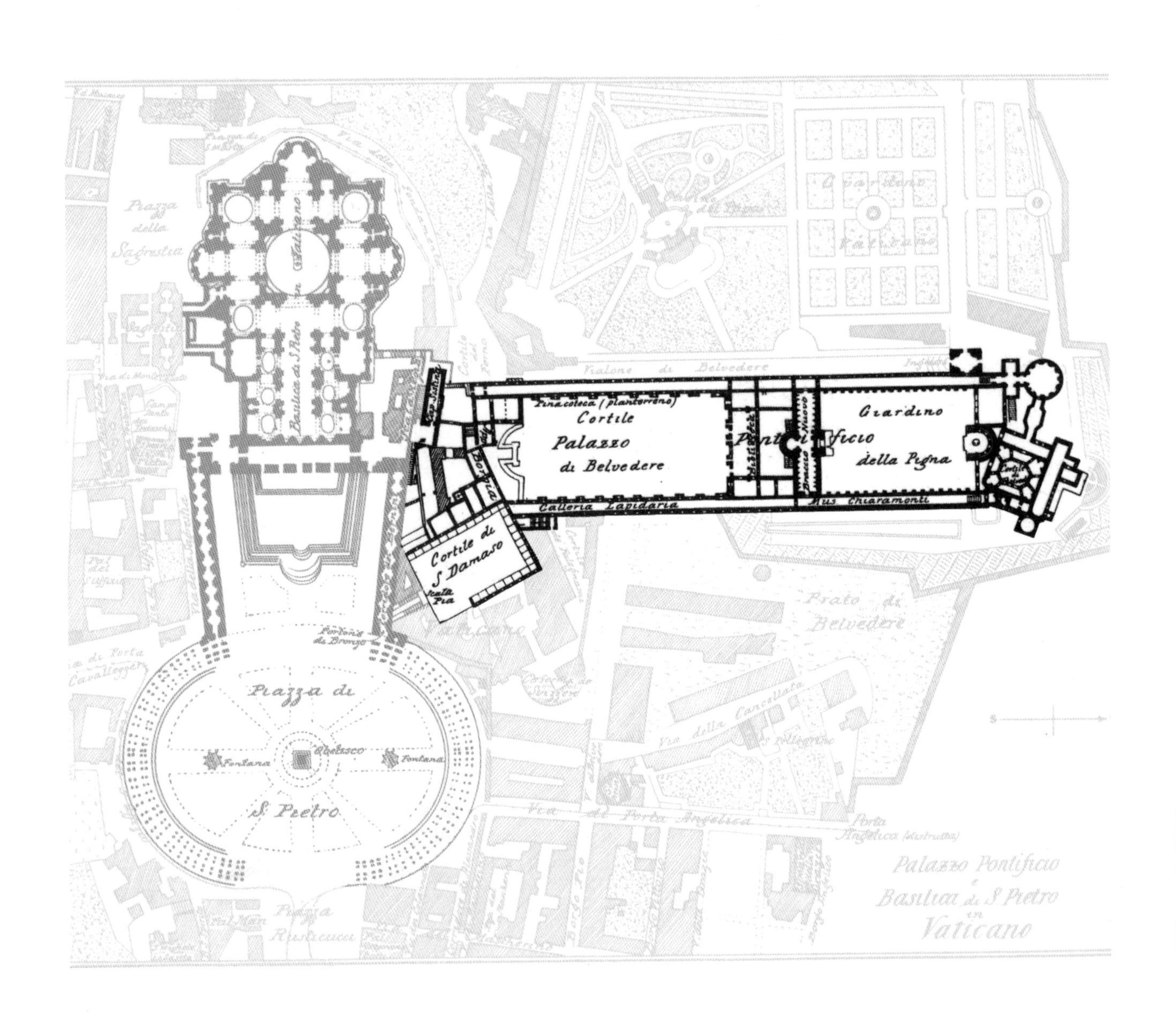

托马斯·沃尔茨曾在意大利居住生活了一年多的时间，他非常熟悉布拉曼特16世纪在罗马城的丽城花园里设计的铰接式建筑组合

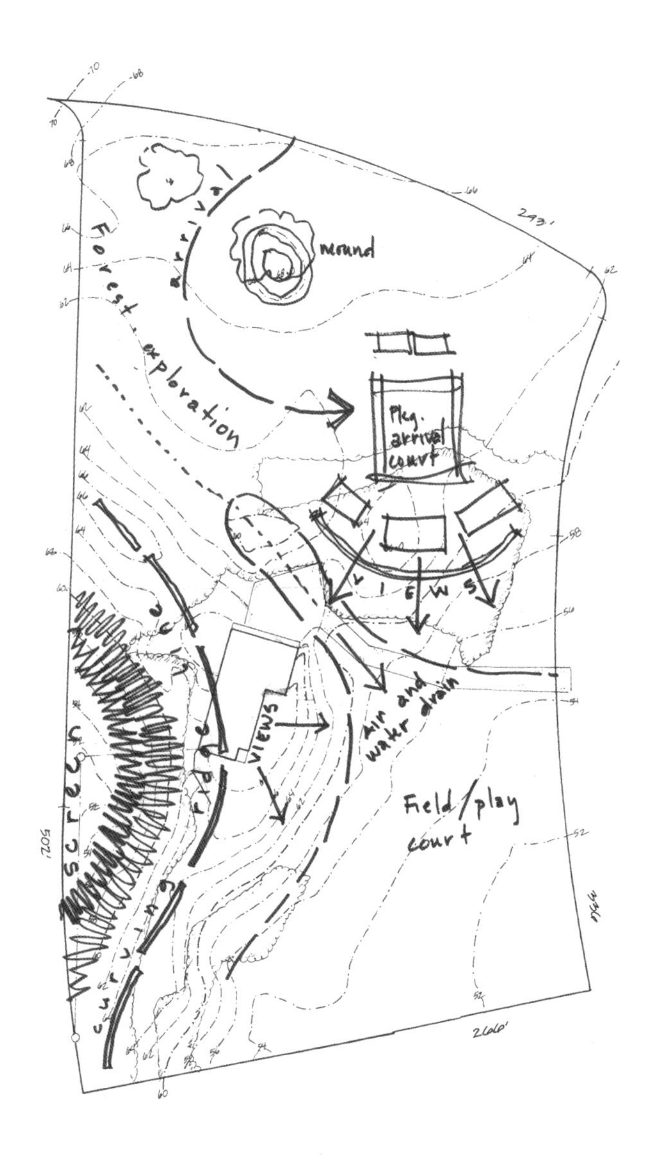

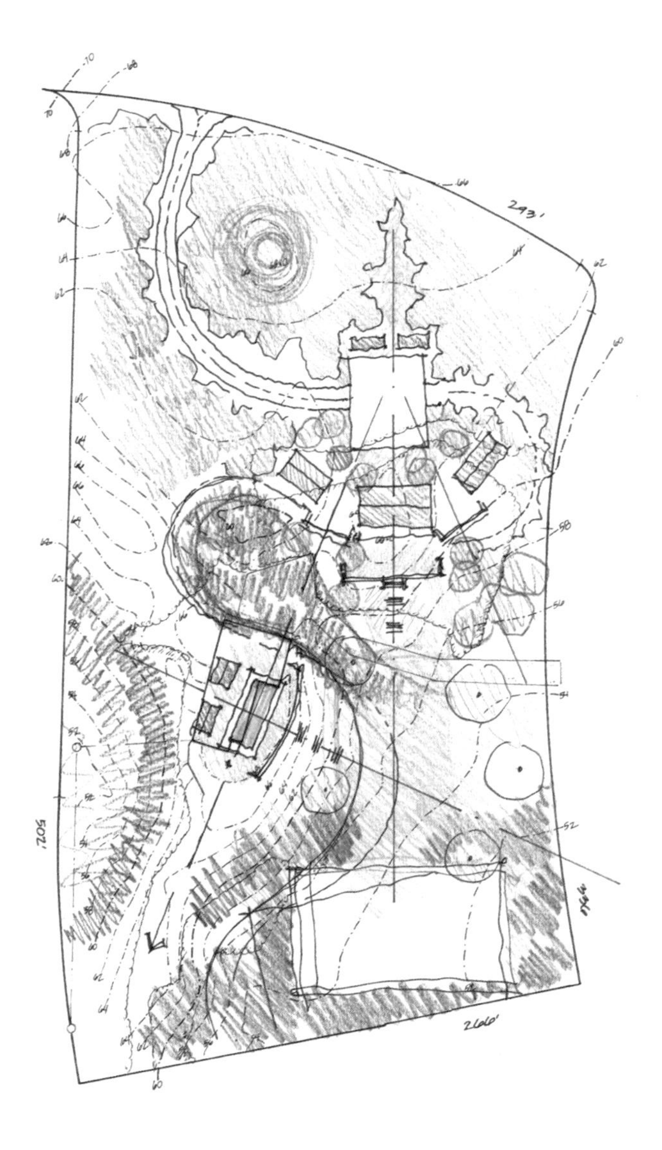

就如这两张草图所体现的，沃尔茨探索在场地中排布建筑和游泳池的不同可能性

艺术家德怀特·威廉·特赖恩（Dwight William Tryon）在1874年绘制的“纽约长岛蒙托克（Montauk，Long Island，New York）”，这处场景距离沃尔茨业主的居所很近

蒙托克这个村庄位于长岛南部半岛的东端，几乎完全被海包围。过去，蒙托克是第二次世界大战时期军事基地监控大西洋沿岸的战略要地，现在，有着绵长沙滩的蒙托克已然成为旅游胜地，人们来此垂钓、骑行、徒步旅行、骑马和冲浪。2005年，一对年轻夫妻在大西洋边一个面南的悬崖上买下了一块土地，希望在这里盖一座房子。他们聘用了东汉普顿的建筑师弗朗西斯·弗利特伍德（Francis Fleetwood）为他们设计房子。后来，他们在朋友家中看到景观设计师托马斯·沃尔茨的作品，接着雇请了沃尔茨。

设计团队决定先由沃尔茨制定场地的规划方案，确定建筑及其他要素的选址。从沃尔茨的个人实践经历而言，他对这样的项目主导方式颇有经验。他的客户通常会先聘请他的公司尼尔森·伯德·沃尔茨（Nelson Byrd Woltz）事务所进行场地规划，然后再请沃尔茨帮忙推荐适合的建筑师。这种配合模式是有历史传统的。比如，1883年格特鲁德·杰基尔在英国萨里的曼斯特德伍德建造了自己的宽阔花园，同时预留下未来建造房子的空地。几年之后，她请英国建筑师埃德温·吕特延设计房子。

在当地一个可以俯视大海的悬崖上，也有过类似先例。1891年，著名景观设计师费雷德里克·劳·奥姆斯特德受委托为一个私人的夏日社区进行场地规划，年轻的“麦金、米德和怀特”建筑事务所负责建筑设计。奥姆斯特德为7座别墅进行了布局规划，他充分利用已有的地形、本土植被、景色和风向，将7座别墅分散且不对称地布置于场地上。基于奥姆斯特德的规划，“麦金、米德和怀特”事务所设计了木结构的房子：这些房子有大气的人字形屋顶、宽敞的阳台、栏杆和木瓦板屋面，这种形式后来被历史学家文森特·斯库利（Vincent Scully）定义为木瓦板风格。近些年弗朗西斯·弗利特伍德之所以能够修缮其中的两座房屋或许并不是一种巧合。很显然，他为这对年轻夫妻设计的建筑效仿了那些迷人的木瓦板风格别墅。对托马斯·沃尔茨来说，这7座在历史悠久的蒙托克协会的场地上以看似随机的角度摆放的房子，是一个牢牢扎根在他脑海里的有用意象。

这座在悬崖上俯瞰着大西洋的房子是费雷德里克·劳·奥姆斯特德为蒙托克协会规划的一部分

沃尔茨设计了简洁的斜坡和台地作为别墅和游泳池组团的景观平台

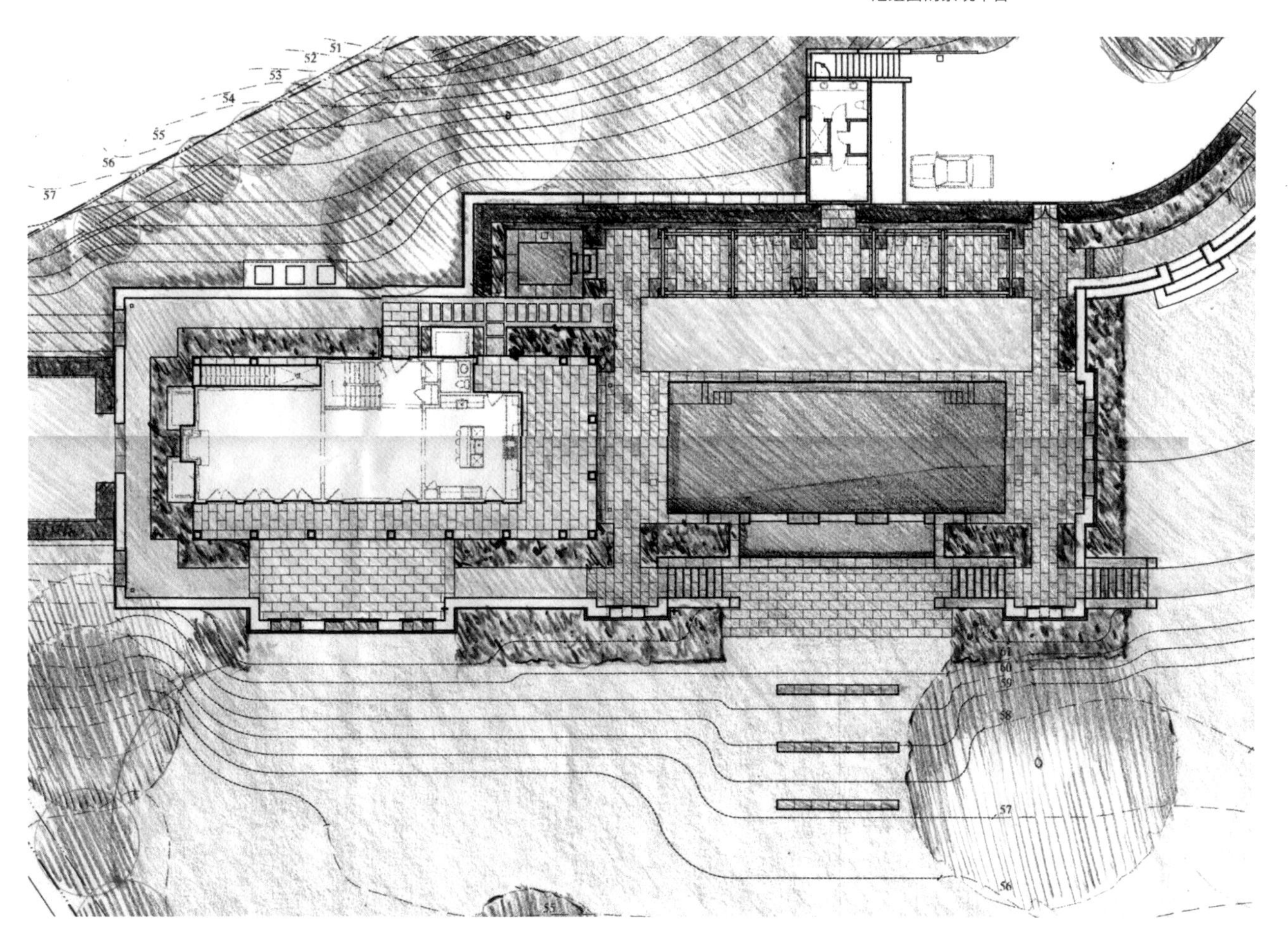

埃德温·吕特延设计的海斯特康比庄园（Hestercombe）的藤架，图片里可以看到盛开的园林花卉

藤架与弯曲的铰接点相接，一同连接起蒙托克住宅的两个部分

作为规划的一部分，沃尔茨在游泳池的后方设计了一个藤架，作为遮阴的走廊和休息区。他对藤架的设计灵感来源于20世纪埃德温·吕特延在位于萨默塞特郡（Somerset）海斯特康比庄园的花园设计的藤架。沃尔茨非常赞赏吕特延的作品，他认为无论是艺术样式还是工艺样式，海斯特康比庄园的拱形梁藤架都十分契合弗利特伍德设计的蒙托克住宅。但沃尔茨还指出，“我们将要它改进得更新鲜、更现代。”

Pergola 'A'

不论是沃尔茨粗略的藤架草图还是最终的藤架草图，都能看到吕特延在海斯特康比庄园设计的藤架的影子

沃尔茨的藤架沿游泳池的一侧布置

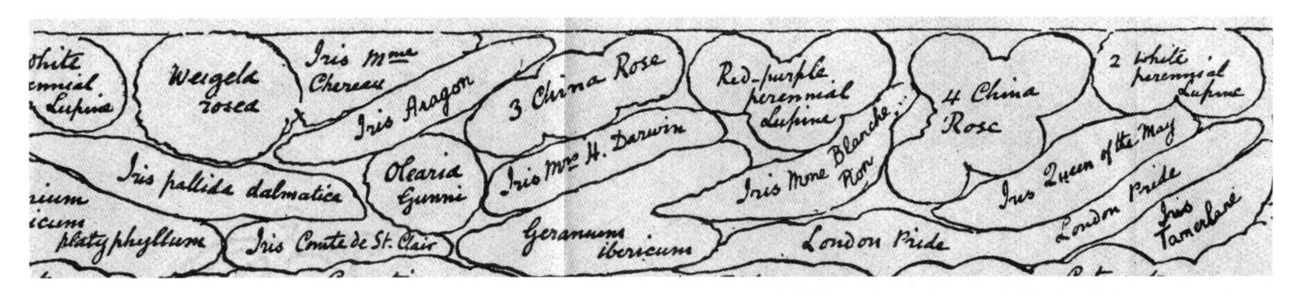

格特鲁德·杰基尔的著作《花园的色彩设计》（Colour Schemes for the Flower Garden）里收录了这张花园配植图

沃尔茨设计了一条种满植物的台阶式步道，两侧植物配植的灵感来自英国园艺家格特鲁德·杰基尔使用过的色彩设计

早在20世纪早期，英国知名的乡村住宅建筑师吕特延就已经与园艺家、花园作家格特鲁德·杰基尔一同合作，并且这段著名的设计合作持续了数十年之久，杰基尔的种植设计方案因出色地运用颜色和纹理而闻名于世。因此沃尔茨研究了杰基尔的植物配植，把它作为这个乡村住宅花园的花坛灵感。在考虑了多种可能性后，他选择以紫色、粉色和黄绿色构成配色方案，结果这些经典的花卉形成了巧妙的搭配组合，翩跹在现代风格的墙和步行道之间。

对沃尔茨而言，花园不只让砌石工程变得柔和，更为整个家庭提供了一种五彩缤纷、微风徐来、使人喜悦的夏日氛围。沃尔茨希望他的花园能够过渡传统样式的住宅建筑和石材砌筑的现代景观。沃尔茨的每个作品里都会有一部分设计根植于项目场地，为了保持他一贯的做事风格，他同样希望这个建成景观能够拥有自己独特的性格。

沃尔茨说，“我们想要一种家具被建造在墙里的感觉和一种只属于这个项目的现代工艺。”他和同事们“反复推敲草图，最终产生了将长凳嵌入砌石工程的想法”。游泳池周围的矮墙同时起到挡土墙的作用，因为在散石垒砌的墙体中嵌入了厚青石片，所以墙体下部通透，就像他说的“你真的能够看到外面”。三条瀑布似的水流作为独特的游泳池组合的一部分，沿着墙流入一个供儿童玩耍的小型浅水池，儿童不仅可以在这里蹚水，还可以在喷雾下玩耍。

对于这些矮墙和瀑布元素，沃尔茨并没有特殊的灵感来源：他只是运用了铅笔、纸和艺术家的眼光。当沃尔茨将场地与布拉曼特的铰接方式，以及与吕特延和杰基尔的作品相联系后，似乎剩下的工作就变得轻松了。

七月，隔着游泳池欣赏对面的藤架，鲜花盛开的
花坛为这个场景增加了色彩和吸引力

住宅后面使用了游泳池边的相同元素，
比如矮墙、步道和植被。沃尔茨还设计
了一个从停车场进入的木门

沃尔茨利用这些独特的长凳元素让石墙
的感觉变得轻盈

俞孔坚

KONGJIAN YU

沈阳建筑大学稻田校园
Rice Campus, Shenyang Jianzhu University
中国沈阳
Shenyang, China
竣工于2004年
Completed in 2004

红飘带公园
Red Ribbon Park
中国秦皇岛
Qinhuangdao, China
竣工于2007年
Completed in 2007

俞孔坚在稻田校园的灵感来源于“文化大革命”期间他与父亲在人民公社稻田里的多年劳作。他在湿地里为村子的水牛寻找优质饲草的记忆，成为红飘带公园中蜿蜒道路的创作灵感。

对页上图：俞孔坚为新的沈阳建筑大学设计的稻田校园，不但每年为校园产出丰盛的稻米，还创造了一种富有历史联系的景观

对页下图：在红飘带公园里，一条颇受欢迎的红色玻璃纤维长凳蜿蜒于乡土草丛中。俞孔坚将光线和植物一并融入这个构筑物，时而产生一种有趣的效果

稻田校园

俞孔坚在童年时期的艰苦生活和他从父亲那里获得的耕作知识，是他这两个最成功的景观设计的灵感来源。这两个项目以不同的方式从他的乡村根基里汲取养分。当俞孔坚看到场地里一片开阔平坦的土地时，他的脑海里闪现出在校园景观里设计丰产稻田的灵感。虽然这片地当时已被闲置，但俞孔坚看出它曾是一片农业用地，“这片土地很适合种植水稻”，他回忆道，“我能看得出来。这我是知道的。所以我马上想到这里可以成为一片稻田。”

随即，他能想象到每年学生们如何通过种植和收获校园里的农作物而团结成一个集体，以及这个经历如何帮助学生们理解农业传统。俞孔坚还构想了稻田的几何形式，稻田里有方形的休息区和遮阴的杨树群，能够吸引学生们进入这片稻田里社交和学习。

对页上图：大学生们种植和收割校园里的水稻

对页下图：学生们使用俞孔坚在方格状稻田里设计的集会区域

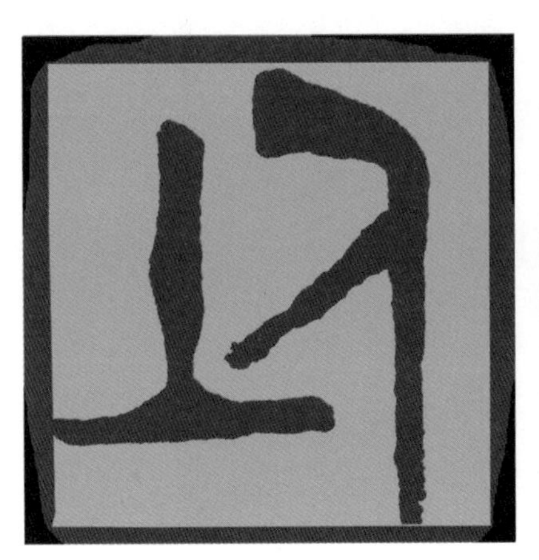

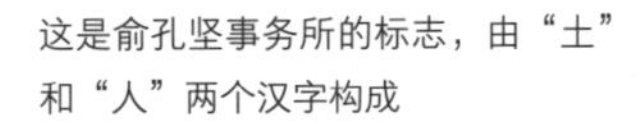

这是俞孔坚事务所的标志，由“土”和“人”两个汉字构成

俞孔坚家乡的村庄有很多水稻田

俞孔坚的公司——土人景观的标识设计象征着“南瓜人（pumpkin-man）”或者一个站在“土” 字旁的农民。这个“土”字由两个笔画组成：横线是土地，而竖线代表着中国古人用影子丈量土地的方式。就如俞孔坚指出的那样，这个谦逊的农民形象是弯着腰、面朝土地的。

这个恭敬的形象可以说是俞孔坚的化身，他早年就与土地紧密地联系在一起，那时他每天都用自己的眼睛和双脚与土地打交道。他出生在一个远离城市生活的农村家庭，“文化大革命”期间，童年的俞孔坚跟着父亲一起在田里干活。那时村子里大部分的土地，特别是最好的土地，都种着水稻。

那时的生活并不轻松。村民向政府缴纳了规定的粮食后，很少能余下足够的口粮。每个人都需要辛勤劳动，每天早晨公社的所有人都要集合起来去领取他们当天的任务量。孩子们要除草或修剪树枝；妇女们要种地；男人们要靠全村共用的那头水牛犁地。那时候，选择性除草剂尚未开始应用，稻田都是依靠人工除草。繁重的庄稼耕作可能会从白天一直持续到晚上。

2001年下半年，俞孔坚受邀参与讨论沈阳建筑大学新校区的景观设计项目，项目所在地沈阳，是中国东北辽宁省最大的城市。俞孔坚到沈阳时正值冬季，当时新校区的建筑群已近乎完工，场地里满是建筑垃圾。大学校长说他们的预算很少，而且时间很紧。这个新景观需要赶在学校次年秋季开学前完工。

俞孔坚收藏的一幅古画展示了世世代代的中国人是如何收割水稻的

2003年俞孔坚偕妻子和儿女回老家探亲

俞孔坚第一次去新校区进行考察时，场地里满是建筑垃圾

就如同俞孔坚的草图所表现的，他在场地里设计了一种中间种植植物的道路系统，这样既能容纳行人行走，又能承受重型拖拉机的轮胎。

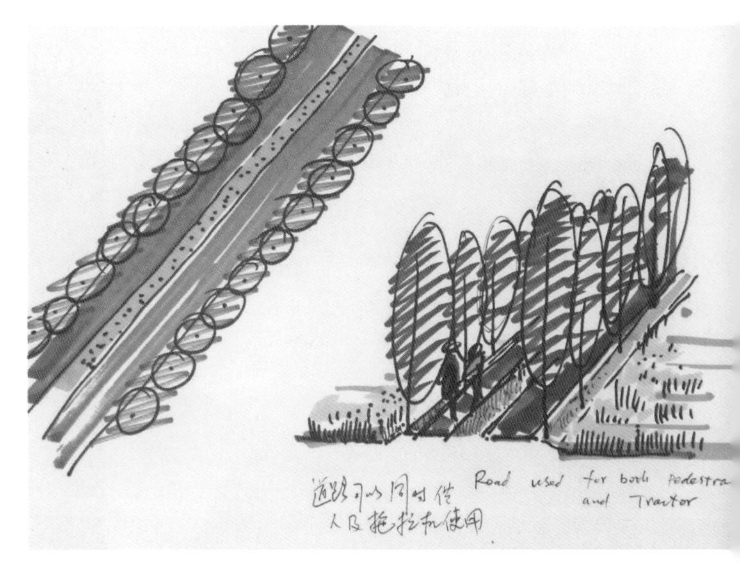

俞孔坚为这个宽阔的校园想到一个设计概念，他相信这个想法既能符合校领导的目标，又能满足时间的限制。在与学校校长、校务委员会进行集体讨论会时，俞孔坚试探性地问："举例而言，学校里能种水稻吗？"现场的反馈是积极的。后来俞孔坚解释说，他很幸运，因为学校校长是一位浪漫主义者，他很喜欢这个设计概念，而建筑学院的院长也希望新校区能有一些新颖独特的东西。

随后俞孔坚自问了几个问题。应该运用杂乱生长的水稻？还是设计规整的水稻？以及，水稻如何能够成为一种摩登的现代设计。答案来自他对中国城市规划历史的知识：九宫格，据俞孔坚所说，这是数百年来中国城市传统的建筑街区模式。

此外，网格和简洁的方形是俞孔坚在哈佛大学学习期间就已经形成的设计母题。他回忆起自己接触到的现代景观设计方法。他说，质朴和极简主义是他从彼得·沃克等著名教授的设计教育中获得的精髓。在他的直线型校园稻田设计里，俞孔坚笑着承认"彼得·沃克存在于此"。随后他又将故事引回他的童年生活，他认为这种最质朴简洁的设计源于他的直觉观念。"因为我是一个农民，农民总是向着真实、有用和实用的方向前进。"他说，在沈阳"哈佛的教育和我的农民背景结合到了一起。"

一幅早期的草图展示了俞孔坚是如何将条纹状的植物和广场之间的小路组织在一起，从而使这片场地既能容纳大轮子的拖拉机，又能接纳希望进入场地的学生和游客。

灵光乍现联想到稻田是一回事，但真正要创造稻田就需要灌溉系统，这是俞孔坚从父亲那学到的知识。俞孔坚的父亲在他们村里被尊称为"水人（Water Man）"，他管理着公社里所有稻田的灌溉。俞孔坚的整个童年时期就是跟在父亲的身后，看着长辈用铁锹和简单的排水沟将水从一片农田引向另一片农田。俞孔坚说，他感触最深的是灌溉系统的一切都十分微妙。他提到，如果父亲计算出改变农田中水的流向的合适时间是半夜，那么他就会半夜起床去调整，儿子也会跟着他。在校园的场地里，俞孔坚设计了一个巨大的池塘收集场地上所有的雨水，并用来浇灌稻田。

在这里种植的水稻是东北单季稻，俞孔坚认为它是最适合这个城市的品种，一年只有一季漫长的生长期而非两季短暂的生长期。大学给自己土地上生产的水稻品牌起了一个特别的名称"黄金水稻"，这些稻米一部分被售出作为学校的收益，一部分供应学校食堂，还有一部分被包装成亮红色的纪念品赠予学校的参观者。

这张规划平面图展示了处于周围环境中的稻田校园

红色包装里装的是校园里种植的大米，这是赠予参观者的礼品。东北大米在中国受到了高度赞许

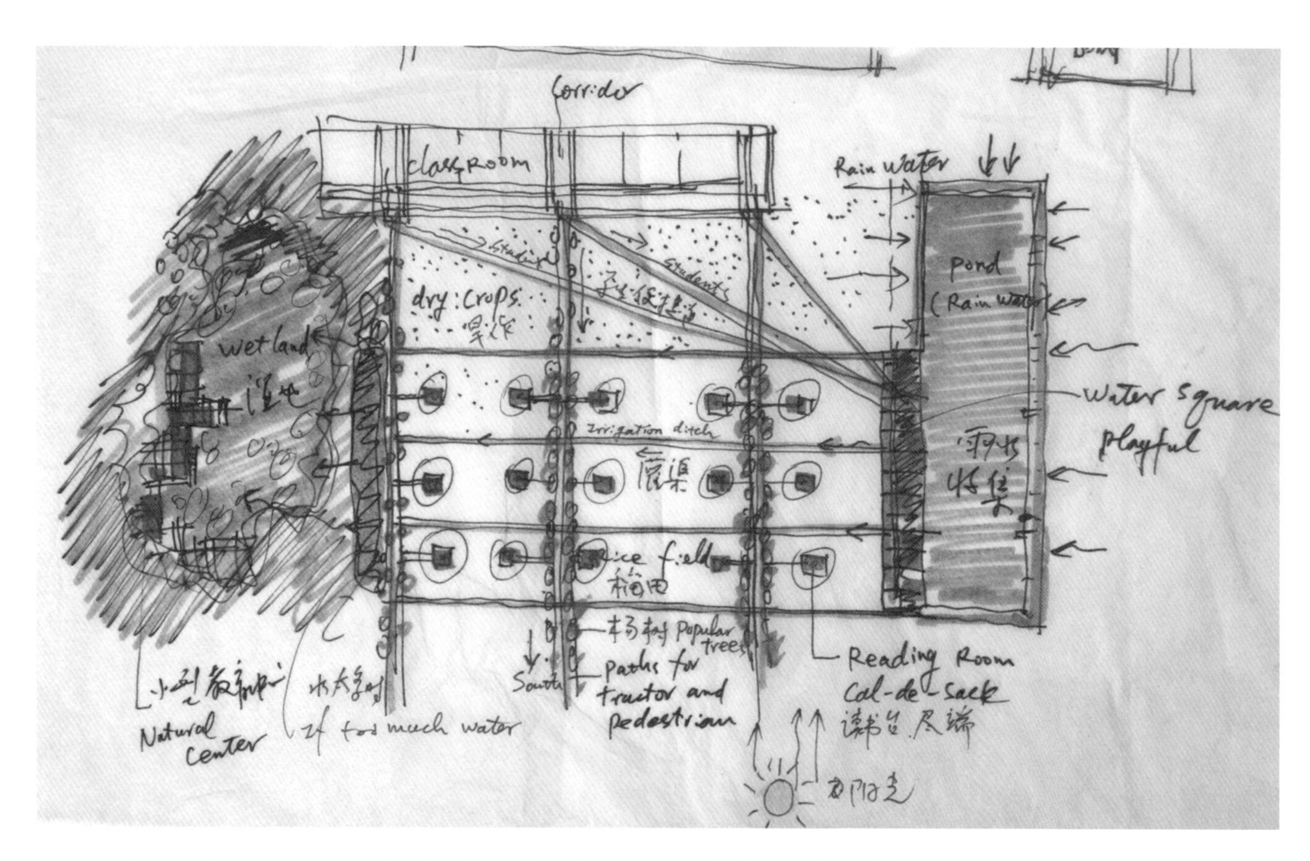

俞孔坚的概念草图展示了他如何组织平面图中的元素。稻田、学生集会的方形区域、南北轴线上成排的杨树、雨水收集池和沿对角线穿过的小路，这些元素一开始就在他的设计中

从大学里的一间学生教室俯瞰稻田校园

在稻田网格中值得一提的设计元素是沿对角线方向穿过方形稻田的小路，它使学生穿越校园变得便利。正如俞孔坚强调的，这些道路是纯功能性的。但它们也是漂亮的，你可以想象设计师用手在方格图案上画出这条充满力量的斜线的感觉。俞孔坚指着平面图说："这根线条意味着我们不再处于农耕时代。我们身处城市。我们属于后农业时代。我们突然间变得现代了，或者说我们给农业找到了更现代的运用方式。因此这条对角线是为了让人愉悦，其次是具有功能性。"

航拍图展示了种着杨树的成熟稻田和供学生户外学习和聚会的方形区域。供行人和拖拉机通行的道路有一条中央种植带。前景部分可以看到山羊在吃草

红飘带公园

游客在红飘带公园茂密的植被中找到了一处休憩的地方

在滨海度假城市秦皇岛，俞孔坚设计了一条与众不同的人行步道。在这个案例中，是线性要素定义了这个名为红飘带公园的项目。不同于线性的稻田校园，俞孔坚在秦皇岛设计的这条道路是不规则的、非几何形式的，汤河的河漫滩原本是人不能进入的乡土植物区域，然而这条道路和沿着道路蜿蜒起伏的红色玻璃纤维长凳将它变成了一个受人欢迎的散步休闲场所。

这张方案汇报草图，展示了俞孔坚最初的公园概念——红飘带道路。但在现有材料的限制下这个思路被证实不可取，于是俞孔坚重新构思了一条结合灯光和长凳功能的红飘带来代替它

在俞孔坚进行第一次场地考察时，这片将要建造公园的场地处于一种废弃的、满是垃圾的状态

这幅照片展示了这片场地在俞孔坚的公园改造之前，满是垃圾的恶劣状况

俞孔坚在红飘带公园的设计概念基于他在20.25公顷（50英亩）场地上看到的茂盛乡土植物，以及他希望通过最小的干预保留场地上丰富植被群落的愿景。他的解决方案是设计一个能够保留场地大部分自然状态的狭长公园，最初的想法是一条穿梭于树林的红色沿河步行道。他设想这条步行道架于地面之上，并承认这个想法是源于自己对蛇的恐惧。沿着这条宽窄不一的道路，会有一些作为集会场所的亭子。

但在寻找合适的建造材料并改进设计的过程中，他不得不放弃建造这条红色道路的打算，转而设计一条步行木栈道，然后用当地工厂生产的红色玻璃纤维建造了一条不断蜿蜒的长凳，并在长凳内部置入照明设施。照明不但让使用者有安全感，还使这条长约480米（1600英尺）的构筑物变得熠熠生辉。

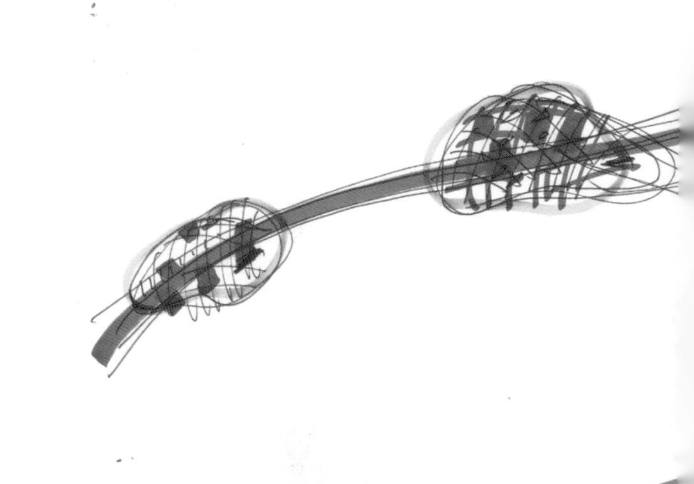

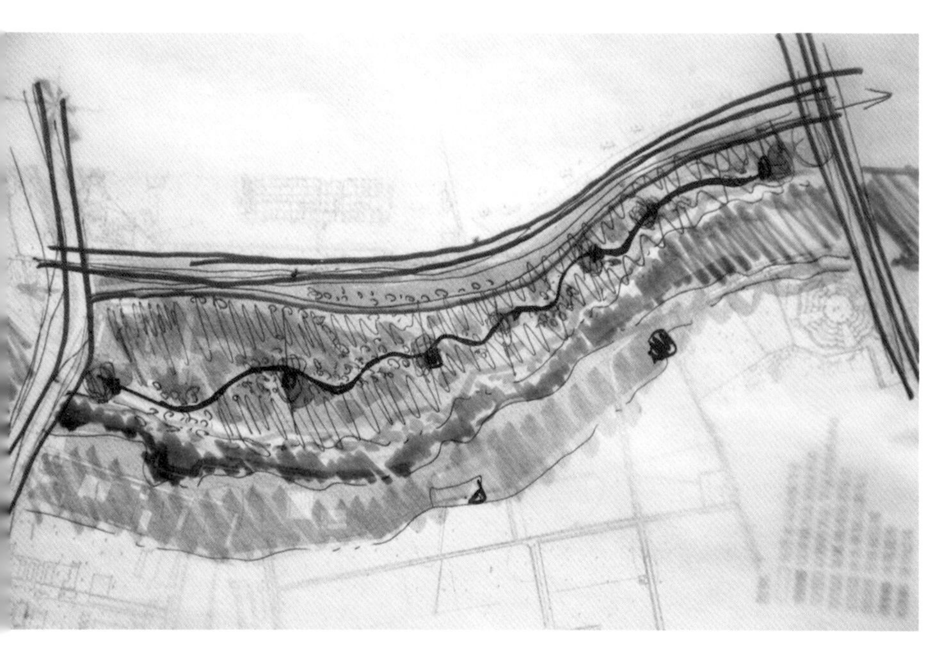

这张早期的概念草图展示的红飘带是一条距离河岸不远的、沿公园长向蜿蜒的曲线

这张平面图显示了处于高强度开发的城市背景之下的红飘带公园，可以看到红飘带和沿着公园东侧边界缓缓蜿蜒的自行车道

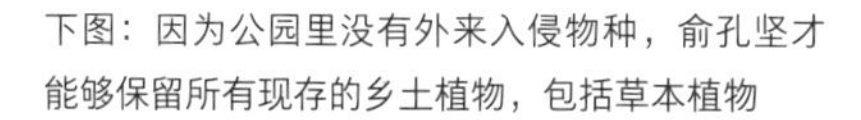

下图：因为公园里没有外来入侵物种，俞孔坚才能够保留所有现存的乡土植物，包括草本植物

左图：俞孔坚的草图标出了几个在红色长凳沿途作为聚会和观景场所的亭子，它们都有着诗意的名字，比如芦苇亭（Pavilion of Reed）和芒草亭（Pavilion of Silvergrass）。

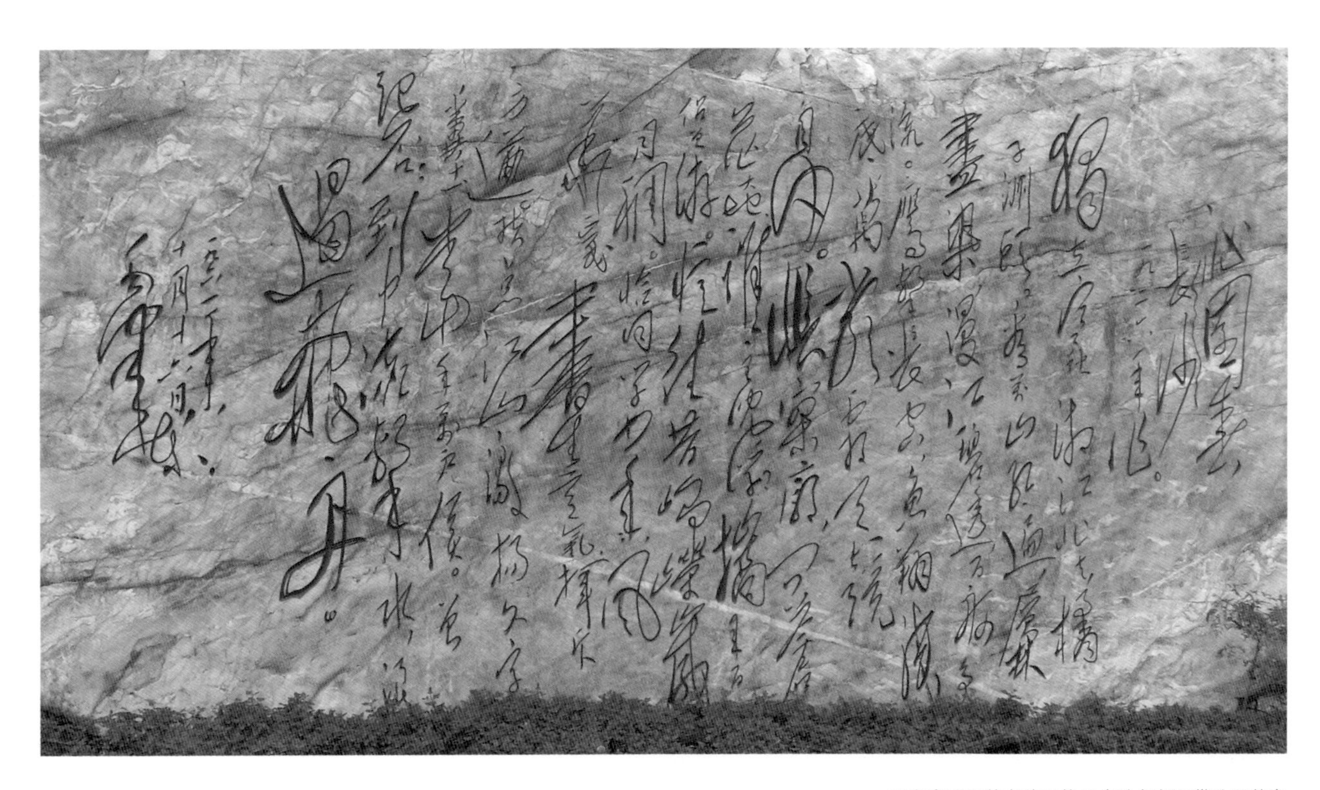

毛主席不羁的书法风格是俞孔坚红飘带公园的弯曲线条的灵感来源之一

红色道路曲线的灵感来源之一可能是毛主席别具一格的不羁书法，他的书法通常以红色墨水印刷。俞孔坚没有辩驳这个说法，他提到，事实上最初的公园草图就展示了一条波浪状的红色书法线条。他在作品中将红色作为象征革命性景观设计方式的积极符号，这种设计方式意味着设计结合自然，回应生态需求，去除河道渠化，寻找更简单、更实用并且能够降低维护成本的解决途径。

但据俞孔坚所说，这个公园真正的灵感来源还是他在农村的生活经历。在田间劳作的17年里，大部分时间他都在照看村里唯一的那头水牛，他有时也称它为“奶牛”。他的工作是每天带着这头牛去找适合吃草的地方。俞孔坚说“你必须找到一个牧草肥美的地方，这样牛才会开心。牛开心了，我就开心了。所以我总是努力寻找那种长有茂盛的高高牧草的湿地，因为牛喜欢吃这样的草。”

汤河沿岸的台地让俞孔坚想起了那些水牛最喜欢的地方。就像他童年在家乡所做的那样，秦皇岛项目的关键是找到一条穿过茂密植被的道路。提到他和水牛共处的时光，俞孔坚说，“找到一条路是如此的重要。为了穿过茂密的植被，你需要一条合适的道路”。道路往往是蜿蜒且绵长的，但俞孔坚补充道：“穿过茂密森林和植被的过程，总是让我感到快乐”。这次他所说的并不只是自己童年时期的农耕经历，同时也是红飘带公园。

在这张1985年的照片中，可以看到村里的水牛沿着白沙溪（White Sand Creek）吃草。俞孔坚多年照料水牛的经历激发了他设计红飘带公园道路的灵感

度量标准转换

英尺	米
1	0.3
5	1.5
10	3
100	30
500	150
1000	300

英里	千米
1	1.6
5	8.0
10	16
50	80
100	160

英亩	公顷
1	0.405
100	40.5

吨	千克
1	910

推荐阅读

Czerniak, Julia, and George Hargreaves, eds. *Large Parks*. New York: Princeton Architectural Press, 2007.

Deford, Deborah, ed. *Flesh and Stone, Stony Creek and the Age of Granite*. Stony Creek, Connecticut: Stony Creek Granite Quarry Workers Celebration, 2001.

Halprin, Lawrence. *A Life Spent Changing Places*. Philadelphia: University of Pennsylvania Press, 2011.

Harrison, Robert. *Visible | Invisible: Landscape Works of Reed Hilderbrand.* New York: Metropolis Books, 2013.

Herrington, Susan. *Cornelia Hahn Oberlander: Making the Modern Landscape.* Charlottesville: University of Virginia Press, 2013.

Jacobs, Peter. *Shlomo Aronson: Making Peace with the Land: Designing Israel's Landscape.* Washington, D.C.: Spacemaker Press, 1998.

Jencks, Charles, and Edwin Heathcote. *The Architecture of Hope, Maggie's Cancer Caring Centres.* London: Frances Lincoln Ltd, 2010.

Justice, Clive L. *Mr. Menzies' Garden Legacy: Plant Collecting on the Northwest Coast.* Vancouver, Cavendish Books, 2000.

Locher, Mira. *Zen Gardens: The Complete Works of Shunmyo Masuno, Japan's Leading Garden Designer.* Tokyo: Tuttle Publishing, 2012.

Rocca, Alessandro, ed. *Planetary Gardens: The Landscape Architecture of Gilles Clément.* Basel: Birkhäuser, 2008.

Rose, James C. *Gardens Make Me Laugh*. London: The Johns Hopkins University Press, 1990.

Saito, Katsuo, and Sadaji Wada. *Magic of Trees and Stones: Secrets of Japanese Gardening*. Translated by Richard L. Gage. New York: Japan Publications Trading Company, 1964.

Saunders, William S., ed. *Designed Ecologies: The Landscape Architecture of Kongjian Yu.* Basel: Birkhäuser, 2012.

Smith, Ken. *Ken Smith: Landscape Architect.* New York: The Monacelli Press, 2009.

Takei, Jirō, and Marc P. Keane. *Sakuteiki, Visions of the Japanese Garden: A Modern Translation of Japan's Gardening Classic.* North Clarendon, Vermont: Tuttle Publishing, 2008.

Trulove, James Grayson. *Ten Landscapes, Stephen Stimson Associates.* Gloucester, Massachusetts: Rockport Publishers, 2002.

Ueyama, Ryoko. *Landscape Design.* Tokyo: Azur Corporation, 2008.

Walker, Peter, and Melanie Simo. *Invisible Gardens: The Search for Modernism in the American Landscape.* Cambridge: The MIT Press, 1994.

Wilde, Jurgen. *Karl Blossfeldt: The Alphabet of Plants.* Munich: Schirmer Art Books, 2007.

致谢

如果不是各位景观建筑师们慷慨地与我分享他们的作品和故事，也就不可能完成这本书。因此，我感谢他们所有人。同时，我也非常感谢各个事务所参与访谈的成员们，尤其是芭芭拉·阿伦森（Barbara Aronson）、库罗什·戴维斯（Kuroush Davis）、安纳莉丝·拉茨（Anneliese Latz）、誉志升野（Yoshi Masuno）和洛朗·斯廷森。

我也非常感谢那些允许我拜访他们居所的户主们。此外，我很幸运在我的拜访过程中遇到了几位友好而博学的向导：鲍顿庄园的兰斯·戈弗特-霍尔（Lance Goffort-Hall）和戴维·卡勒姆（David Cullum）、布劳顿田庄（Broughton Grange）的安德鲁·伍德尔（Andrew Woodall）、罗马美国学院的蒂娜·坎切米（Tina Cancemi）、寒川神社（Samukawa Shrine）的住持中西雅文（Masafumi Nakanishi）。并且我还希望感谢所有允许我在书中刊登他们作品的艺术家。

感谢Timber出版社的每一个人，首先是朱莉·桑德克（Juree Sondker），是他邀请我编写本书，并为我提供建议与支持，我们因此结下了深厚的友谊；其次是感谢利娅·埃里克森（Leah Erickson）在图片处理工作中的不懈努力；还有莉萨·D·布鲁索（Lisa D.Brousseau）和伊夫·古德曼（Eve Goodman）为本书所做的编辑工作。能够和这些极富才华且兢兢业业的专业人员共事是一段极其愉快的经历。

许多朋友和同事都为我提供了不可估量的、及时的、令人感激的帮助：史蒂夫·巴梅尔（Steve Beimel）、弗洛伦斯·博格特（Florence Boogaerts）、阿比盖尔·卡尔森（Abigail Carlson）、埃米·加藤（Amy Katoh）、米拉·洛克（Mira Locher）、莫琳·雷帕奇（Maureen Repaci）、克里斯廷·施莱特（Kristin Schleiter）、迪克·所罗门（Dick Solomom）、安妮·冯·施蒂尔普纳格尔（Anne Von Stuelpnagel）、彼得·沃克（peter Walker）、桑德拉·韦伯（Sandra Weber）和马莎·佐贝克（Martha Zoubek）。我最想感谢的是我的丈夫布鲁斯（Bruce），他陪同我一起考察了许多景观项目场地，一直以来给我充满幽默的支持和鼓励。

照片与插图出处

页码

前插页 Sibylle Allgaier/© The Annenberg Foundation Trust at Sunnylands

5 Stephen Stimson Associates

13 （所有）Turenscape

14–15 Eran Aronson/Shlomo Aronson Architects

17 Shlomo Aronson/Shlomo Aronson Architects

19 Neil Folberg/Shlomo Aronson Architects

20 （右下）Shlomo Aronson/Shlomo Aronson Architects

21 （上）Creative Commons License /图片：Israel Tourism on Flickr
（下）Shlomo Aronson Architects

22 Shlomo Aronson Architects

23 （上与右下）Eran Aronson/Shlomo Aronson Architects

25 Robert Benson 摄影/New York Botanical Garden

27 Martin Puryear, Bask. 1976. 着色松木. 12 in. × 12 ft. ¾ in. × 22 in. © Martin Puryear/ Matthew Marks Gallery

28–29 （左）Sheila Brady/© Oehme Van Sweden

29 （右下）© Oehme Van Sweden

30 （左上）Ivo Vermeulen/New York Botanical Garden
（右上与下） Robert Benson 摄影/ New York Botanical Garden

31 （左）Ivo Vermeulen/New York Botanical Garden
（右）Robert Benson摄影/New York Botanical Garden

32 Robert Benson摄影/New York Botanical Garden

33 （上） Joan Mitchell，《大峡谷第14号》（顷刻间）. 1983，布面油画 110¼in × 236¼ in.（280cm × 600 cm）. Centre Pompidou, Paris. © Estate of Joan Mitchell
（下） Ivo Vermeulen/New York Botanical Garden

页码

34–35 （所有） Sheila Brady/© Oehme Van Sweden

36–37 © Dillon Diers/Office of James Burnett

38–39 Vincent Van Gogh（1853–1890）.《有柏树的麦田》. 1889. 布面油画，28¾ in × 36¾ in.（73cm × 93.4 cm）. 购买, The Annenberg Foundation Gift, 1993（1993.132）. The Metropolitan Museum of Art, NY. 图片版权© The Metropolitan Museum of Art. 图片来源：Art Resource, NY

40–41 （中上）© Dillon Diers/Office of James Burnett

41 （右下）James Burnett/Office of James Burnett

42–43 （左与中） Dillon Diers/Office of James Burnett

43 （右上）Sibylle Allgaier/© The Annenberg Foundation Trust at Sunnylands
（右下）Dillon Diers/Office of James Burnett

44 （左上与右） Dillon Diers/Office of James Burnett
（右下） Creative Commons License /图片：Scott Rheam on Wikimedia Commons

45 （上）James Burnett
（下）Duncan Martin

47 （上）Creative Commons License /图片：Tim Brown on Flickr
（下）Gilles Clement

48–49 Creative Commons License /图片：Boris Dzingarov on Flickr

51 （上）Creative Commons License /图片：Chris Yunker on Flickr
（下） Gilles Clement

页码

52 （左）Creative Commons License /图片：Greg Varinot on Flickr
（右） Creative Commons License /图片：TijsB on Flickr
53 （下）Gilles Clement
54 Gilles Clement
56–57 Millicent Harvey
59 Ken Castellucci and Stony Creek Museum
60 （左） Creative Commons License /图片：Severin St. Martin on Flickr
（右）Millicent Harvey
61 （上）Charles Mayer
（左下）Reed Hilderbrand Landscape Architects
62 （中上）Creative Commons License /图片：Wilson Bilkovich on Flickr
63 （上右）Charles Mayer
64–65 （中）Reed Hilderbrand Landscape Architects
64 （左）Millicent Harvey
65 （右）Millicent Harvey
66–67 （中）Creative Commons License /图片：Aphrodite in NY on Flickr
67 （上与右下）Reed Hilderbrand Landscape Architecture
69 Charles Jencks
70–71 Charles Jencks
73 Charles Jencks
74 Charles Jencks
75 （上）Charles Jencks
（下）Charles Jencks/Page Park Architects
76 Charles Jencks/Page Park Architects
77 （上）Charles Jencks/Maggie’s Centre
（下）Charles Jencks/Page Park Architects
78 Charles Jencks
79 （上）Chris Young
（下） Chloe Bliss/Maggie’s Centre
80–81 Lauren Griffith/Hargreaves Associates
83 （左上） MS21-068, Ima Hogg with Azaleas. 1970. Ima Hogg Papers, Museum of Fine Arts, Houston Archives
（右上与左下）Hargreaves Associates
84 Hargreaves Associates

页码

85 （上）Hargreaves Associates
（下）John Gollings/ Hargreaves Associates
86 （左）John Gollings/Hargreaves Associates
86–87 Hargreaves Associates
88 Paul Hester/Hargreaves Associates
89 （上） John Gollings/Hargreaves Associates
（下） Paul Hester/Hargreaves Associates
90 （上） Paul Hester/Hargreaves Associates
（下）Mary Margaret Jones
91 （上） John Gollings/Hargreaves Associates
（下）Hargreaves Associates
93 Hedrich Blessing/Mikyoung Kim Design
94 Mikyoung Kim
95 （上）Mikyoung Kim Design
（下） Hedrich Blessing/Mikyoung Kim Design
96 （左上与右）Mikyoung Kim
（右下）Eva Hesse, *Repetition Nineteen* III. 1968. Fiberglass, polyester resin, installation variable, 19 units; Museum of Modern Art, New York; Gift of Charles and Anita Blatt; photo: Abby Robinson, New York. © The Estate of Eva Hesse/Hauser & Wirth
97 （上）Mikyoung Kim Design
（下）Karen Moylan/Mikyoung Kim Design
98 （左）George Heinrich/Mikyoung Kim Design
（右）Mikyoung Kim Design
99 （左下）George Heinrich/Mikyoung Kim Design
（上与右下，左下）Mikyoung Kim Design
100–101 George Heinrich/Mikyoung Kim Design
102–103 Michael Latz/Latz + Partner
105 Detroit Publishing Company, Kyffhauser Denkmal. *Barbarossa*. 1905. Library of Congress, LC-DIG-ppmsca-01118
107 （上） Latz + Partner
（下） Creative Commons License /图片：Myrabella on Wikimedia Commons
108–109 （上）Latz + Partner

页码

108　（下）Latz + Partner

109　（上与右下） Michael Latz/ Latz + Partner

111　（上） Latz + Partner

112　（右下）Latz + Partner

114　Latz + Partner

115　Michael Latz/ Latz + Partner

116　（左与右） Michael Latz/ Latz + Partner

（中）Latz + Partner

117　Creative Commons License /图片：Lukashed on Flickr

119　（上）Shunmyo Masuno

（下）Creative Commons License /图片：663 Highland on Wikimedia Commons

121–122（所有）Shunmyo Masuno

123　（上）Shunmyo Masuno

（右下）Joe McAuliffe,《鲤鱼跳龙门》. 2007. 水墨画，37in × 25 in.© Joe McAuliffe/Zen Gyotaku

124　作者未知，公共领域图片惠许 ： Wikimedia Commons

125–127 Shunmyo Masuno

128–129 Matthews Nielsen

131　（上）Signe Nielsen/Matthews Nielsen

132–133 Matthews Nielsen

134　（左）Matthews Nielsen

134–135（中）Bernard Ratzer, Map of Brooklyn. 1766. Wikimedia Commons

135　（右上）Matthews Nielsen

（右下）Walt Whitman, 面朝前方，身着乡村服饰的年轻人的大半身画像，作为《草叶集》的前插页图片， 1854, Library of Congress, LC-DIG-ppmsca-07143

页码

137　（上）*The Fulton Ferry Boat*, [Brooklyn, N.Y.]. 1890. Library of Congress, LC-DIG-ppmsca-07542

（下）Matthews Nielsen

138　（左上）Creative Commons License /图片：Rob Young on Wikimedia Commons

138–139（中下） Creative Commons License /图片：BigPinkCookie on Flickr

139　（左上与右，右下）Matthews Nielsen Landscape Architects

140–141 Busby Perkins + Will Architects

142–143 © Michael Elkan 摄影

144　Busby Perkins + Will Architects

145　（上）Cornelia Hahn Oberlander and Sharp and Diamond Landscape Architecture Inc.

（下）Creative Commons License /图片：ColinK on Flickr

147　（左）Karl Blossfeldt/Stiftung Ann und Jurgen Wilde, Pinakothek der Mondernephoto

（右）Archibald Menzies in L. Hitchcock and A. Cronquist. *Flora of the PacificNorthwest.* Seattle, WA: University of Washington Press, 2009/ University of Washington Press

148　（左下）Sharp and Diamond Landscape Architecture Inc./ Cornelia Hahn Oberlander

148–149（上）Busby Perkins + Will Architects

149　（下）Nic Lehoux/Busby Perkins + Will

150　Nic Lehoux/Busby Perkins + Will

151　Brett Hitchins/Cornelia Hahn Oberlander and Sharp and Diamond Landscape Architecture Inc.

155　（下）Olin Studio

页码

157　（下）Laurie Olin/courtesy Olin Studio

158　Laurie Olin/ Olin Studio

159　（所有）Olin Studio

161　（所有）Olin Studio

162　（左）Olin Studio

（右） Laurie Olin/Olin Studio

163　（左上与下） Laurie Olin/Olin Studio

（右上）Leah Erickson

165　© Peter Mauss/Esto

166–167　Creative Commons License 图片：Christophe Benoit on Wikimedia Commons

168　（左上）Andreas Feininger（1906–1999）© Estate of Andreas Feininger. The Museum of Modern Art, New York. Goodwin, Philip （1885–1956） and Stone, Edward D.（1902–1978） architects, 1939. Façade, aerial view.（PA 130）. The Museum of Modern Art, NY © The Museum of Modern Art/授权：SCALA/Art Resource, NY（上与右下）© Peter Mauss/Esto

169　© Peter Mauss/Esto

170　Ken Smith Workshop

171　（所有）Ken Smith Workshop

173　（上）Creative Commons License /图片：Ivanoff on Wikimedia Commons

174–175　© Charles Mayer Photography

177　（上）Creative Commons License /图片：BenFrantzDale on Wikimedia Commons

（下）Stephen Stimson Associates

178　（左）Thomas Cole，马萨诸塞州北安普郭Holyoke山远眺，一场暴风雨过后——《牛轭湖》，1836. 布面油画 51½in × 76 in.（130.8 cm × 193 cm）. Russell Sage女士的礼物，1908（08.228）The Metropolitan Museum of Art, NY. 图片版权 © The Metropolitan Museum of Art. 图片来源：Art Resource, NY

（右）Stephen Stimson Associates

179　（所有）Stephen Stimson Associates

180　（所有）© Charles Mayer Photography

181　（左上与下） © Charles Mayer Photography

（右上） Isaac Cohen

182　（上）Stephen Stimson Associates

（下）© Charles Mayer Photography

183　（上）Stephen Stimson Associates

（下）Lauren Stimson/Stephen Stimson Associates

页码

184–185　© James Kerr

187　（上）Henry Inigo Triggs, Villa Lante, *Garden Craft in Europe*. 1913. London/ Wikimedia Commons

（下）Giacomo Barozzi di Vignolia, 1612/Wikimedia Commons

189　（上）Tom Stuart-Smith

（中）© Andrew Lawson Photography

（下）Florence Boogaerts

191　（上右）© Andrew Lawson Photography

（下）Tom Stuart-Smith

192　（上）Tom Stuart-Smith Ltd.

（下）Tom Stuart-Smith

193　（上）© Andrew Lawson Photography

（中与下） © James Kerr

194–195　© James Kerr

196–197　Ten Eyck Landscape Architects

199　（上）Creative Commons License /图片：Airwolfhound on Flickr

（下）Creative Commons License /图片：Maveric2003 on Flickr

200　（上）Creative Commons License /图片：Charles Henry on Flickr

（下）Creative Commons License /图片：Charlie Llewellin on Flickr

201　（上与中） Ten Eyck Landscape Architects

（下）Creative Commons License /图片：Molly G Willikers on Flickr

202　（左）Christine Ten Eyck

（右）Creative Commons License /图片：Corey Leopold on Flickr

203　（所有）Ten Eyck Landscape Architects

204　Ten Eyck Landscape Architects

205　（所有）Christine Ten Eyck/ Ten Eyck Landscape Architects

206–207　© Mitsumasa Fujitsuka

208　Ryoko Ueyama

页码

209 （上）Creative Commons License /图片：Hoge asdf on Flickr
（下）Creative Commons License /图片：TenaciousMe on Flickr

210–211 （上）Ryoko Ueyama

211 （下）Creative Commons License /图片：Mark Hogan on Flickr

212 © Mitsumasa Fujitsuka

213 （右上）Jomon Pottery, 公元前3 ~ 10世纪/ Saitama City Museum
（右下）© Tsuyoshi Fukuda/photo: Susan Cohen

214 （左上与中上） Creative Commons License universal license /图片：Daderot on Wikimedia Commons
（下）© Mitsumasa Fujitsuka

214–215 （中）© Mitsumasa Fujitsuka

215 （右上与左下） © Mitsumasa Fujitsuka

216–217 Kim Wilkie

218 Kim Wilkie

219 （上）Creative Commons License /图片： Gordon Joly on Flickr
（下）Kim Wilkie

220–221 Kim Wilkie

222 （所有）Kim Wilkie

223 （左上） author unknown，/图片 British Library on Wikimedia Commons
（右上） Creative Commons License /图片 Keith Sellick on Flickr
（左下与右）Kim Wilkie

224 Kim Wilkie

225 © James Turrell/照片: Florian Holzherr

226–227 © Eric Piasecki/Otto Archive

页码

228–229 Nelson Byrd Woltz

230 导数图：Leah Erickson （从前插页 frontispiece 到Douglas Sladen），（How to See the Vatican）. 1914. / 图片 . Wikimedia Commons

231 （所有）Thomas Woltz/ Nelson Byrd Woltz

232 Dwight William Tryon, （Montauk, Long Island, New York）. 1874. New Britain Museum of American Art. Creative Commons License /图片 Daderot on Wikimedia Commons

233 （上）Creative Commons License /图片 Americas Roof on Wikimedia Commons
（下）Nelson Byrd Woltz

234 （上）© Jason Ingram/ Hestercombe
（下）© Eric Piasecki/Otto Archive

235 （上）Thomas Woltz/courtesy Nelson Byrd Woltz

236 （上）Gertrude Jekyl, *Colour Schemes for the Flower Garden*. London: Country Life, 1919

237 （中与下） © Eric Piasecki/Otto Archive

239–251 （所有）Turenscape

252 Creative Commons license /图片Ke Yi on Wikimedia Commons

253 Turenscape

其余照片均由作者提供

索引

Q

R

S

作者简介

苏珊·科恩是美国注册景观设计师、美国景观设计协会会员，在康涅狄格州的格林尼治进行私人执业，同时教授景观设计和园林史方面的课程，以及开展相关讲座。她的讲座面向市民团体、园艺俱乐部、博物馆和纽约植物园，讲座内容包括她自己的作品和园林史，其中涉及日本园林、莫奈的园林、意大利园林和英国园林。她游历过很多地方，并考察研究了许多或新或老的园林设计，近年来，她发起前往日本的研学之旅。

苏珊曾就读于史密斯学院，现担任该学院的理事，后来在纽约城市学院取得景观设计学专业学位。除了屡获大奖的设计实践，苏珊还在纽约植物园教授课程，同时也是该植物园景观设计项目的合作者。她既是一名积极的纽约植物园志愿者，也是顾问委员会的一员。此外，她还任教于纽约城市学院的景观设计学硕士（MLA）项目。

自从1998年成立纽约植物园著名的“景观设计作品系列（Landscape Design Portfolio Series）”以来，她不断为热情洋溢的纽约听众们邀请来自世界各地的杰出景观设计师。

彼得·沃克（Peter Walker）作为一名设计师、教育家和作家，是景观设计领域的重要代表人物。在职业生涯里，他荣获过哈佛大学的百年勋章、弗吉尼亚大学的托马斯·杰斐逊奖章、美国景观设计协会（ASLA）奖章以及国际景观设计师联盟（IFLA）的杰弗里·杰利科爵士金制奖章（Sir Geoffrey Jellicoe Gold Medal）等诸多殊荣。他和米切尔·阿拉德（Michael Arad）是纽约市“9·11事件”国家纪念物的共同设计者。